施工项目工程内业
信息管理系统

高　竞
高韶君　高韶萍　编著
高克中　高韶明

中国建筑工业出版社

图书在版编目(CIP)数据

施工项目工程内业信息管理系统/高竞等编著. —北京：中国建筑工业出版社，2007
ISBN 978-7-112-09450-9

Ⅰ.施… Ⅱ.高… Ⅲ.建筑工程—工程施工—项目管理—管理信息系统 Ⅳ.TU71

中国版本图书馆CIP数据核字(2007)第095219号

施工项目工程内业信息管理系统
高　竞
高韶君　高韶萍　编著
高克中　高韶明

*

中国建筑工业出版社出版、发行(北京西郊百万庄)
各地新华书店、建筑书店经销
北京天成排版公司制版
世界知识印刷厂印刷

*

开本：787×1092毫米　1/16　印张：11　插页：1　字数：263千字
2007年8月第一版　2007年8月第一次印刷
印数：1—3500册　定价：**30.00**元(含光盘)
ISBN 978-7-112-09450-9
(16114)

版权所有　翻印必究
如有印装质量问题，可寄本社退换
(邮政编码　100037)

本书内容分为上下两篇：上篇七章：主要叙述施工组织设计的核心部分，编制施工进度计划的运筹理论——关键线路，进行了简明扼要且透彻的分析与计算。在掌握关键线路理论的基础上，介绍了《Microsoft Office Project 2003》软件的使用方法。下篇十章，是从实际工作经验的角度，介绍办理建设项目前期的手续和前后程序；接着是讲解从所谓的"三通一平"到"扫地出门"，与施工生产相对应的《建筑工程内业》（建筑工程资料管理系统——土建、水暖、电气、安全和质量评定）工作；最后是介绍《建筑工程内业》软件和笔者自主创新计算理论的《平法钢筋加工下料计算》软件上机操作方法。为帮助读者深入理解，本书特附天德软件《建筑工程内业》试用版和《天德平法制图钢筋加工下料计算软件》V1.0 演示版光盘一张。

本书可作为培养高级建筑工程技师的学习参考书，也可供建筑工程监理人员和土建类大专院校师生参考。

* * *

责任编辑：张梦麟
责任设计：赵明霞
责任校对：刘 钰 孟 楠

前　言

工民建专业的毕业生去向，不外是留校、设计院（所）、建筑施工企业和房屋开发公司。然而，大部分毕业生是走向建筑施工企业的基层单位。通常，后两个单位的工作不是一去就能拿得起来的。由于在校期间的施工课程内容的局限性，加上生产实习和毕业实习时间以及接触的业务范围有限，因此，学生在校期间，实难囊括建筑施工企业的全部现代化科学管理知识内容（特别是建筑施工企业 TQC——全面质量管理等相关内容）。我国改革开放以后，引进了《管理科学与工程》，并与我国的建筑施工企业的具体情况相结合，快速地形成了具有我国特色的建筑施工企业的现代化科学管理体系。

这几年，工民建专业毕业生，在择业时，首先遇到对方提出的问题是"实践经验"。实践经验的内容，就是建筑施工企业的现代化科学管理的具体业务。也可以说成是广义的"内业"。它包括：施工组织设计；施工进度计划；单位工程施工程序；单位工程施工内容与标准；工序质量管理；概预算；单位工程内业表格；钢筋加工下料计算；资源管理等。同时，近几年工程项目部，迅速推广应用计算机，普及施工项目工程内业管理系统信息化。因此，本书上篇专门介绍了《Microsoft Office Project 2003》软件在土建工程中的具体应用；在下篇中介绍了几种常用软件的操作方法：(1)《平法制图钢筋加工下料计算》软件，是根据笔者自主创新著作《平法制图的钢筋加工下料计算》的原始草稿再次创新编制软件程序的。此前，一般情况下，多数是以结构施工图中的结构尺寸，编制钢筋材料明细表，或以此为根据编制预算，这是不精确的；甚者或以此为根据下料更是浪费的；对于非直角弯筋也有用近似尺寸下料的；《平法制图钢筋加工下料计算》软件可以提高计算效率几倍～几百倍。(2)《建筑工程内业》软件的内容，是土建工程贯彻始终的工程质量严密管理的责任保证重要文件；《建筑工程内业》软件可以调出《建筑工程内业》中的所有表格，并可利用键盘填写和修改，以及打印。

《Microsoft Office Project 2003》软件，以下简称"Project"。施工进度计划表是建筑施工企业管理人员经常或几乎每天都要看的东西。用手工编制本来就很麻烦，何况各工种工程进度经常发生变化，再用手工改动，一般情况下是来不及的。加上每一次的改动，都必须求出"关键线路"。所以，本书特意用整个上篇，来讲解 Project 在建筑施工企业中编制施工进度计划的使用方法。

本书的书写特点是图多（软件界面多）和流程框图多。编写的指导思想，是形象感知比文字感知更直接、更具体、更易于理解和更易于记忆。因而，也就便于快速阅读。这就是本书把大量文字令其图形化的意义所在。

参加本书编写的人，有高竞、高韶君（高级建筑师）、高韶萍（高级工程师）、高克中(高级工程师)、高韶明(教授级高级工程师)、王龙波(高级工程师)、高原、白晶、杜秀兰、赵国鹏、吕磊、杜泰东。

从报上看到大学毕业生找工作,有时遇到了用人单位问"有没有实践经验?"的麻烦,有点想法,不知想得对不对?冒然动笔写了这本书。因年事已高,错误之处在所难免,敬请各方先生不吝赐教,谢谢!

哈尔滨工业大学
高竞(年届81岁,犹龙)写于'餐霞阁'
2007-3-15

联系电话:13945105927
　　　　　13059002216
　　　　　0451-86095287
网　　址:http://www.hrbtiande.com
邮　　箱:tiandesoft@126.com

目 录

上篇 网络图与 Project 的基本知识

第一章　绪论 …………………………………………………………………… 1
　第一节　Project 软件与网络图 ……………………………………………… 1
　第二节　建设项目与 Project 项目 …………………………………………… 2
　第三节　建设项目的信息管理 ……………………………………………… 2
　第四节　建设项目信息管理中的多项功能 ………………………………… 2
　第五节　建设项目的优化决定于各分部分项工程和工序之间的运筹逻辑
　　　　　的组合 ……………………………………………………………… 3
第二章　Microsoft Office Project 软件安装 ………………………………… 4
第三章　Project 工作界面 …………………………………………………… 9
　第一节　按钮 ………………………………………………………………… 9
　第二节　视图种类 …………………………………………………………… 12
第四章　网络图(CPM-Critical Path Method) ……………………………… 16
　第一节　网络图的基本概念 ………………………………………………… 16
　第二节　把网络图转换成 Project 表 ……………………………………… 19
　第三节　建立与 Microsoft Office Project 相对应的网络图(CPM) ……… 20
第五章　网络图的关键线路 …………………………………………………… 22
　第一节　网络图(CPM)关键线路的概念 …………………………………… 22
　第二节　关键线路的计算 …………………………………………………… 22
　第三节　把最早开始时间、最早完成时间、最晚开始时间和最晚完成时间，
　　　　　换成开始时间和完成时间 ………………………………………… 27
　第四节　更改域名称的方法 ………………………………………………… 30
第六章　作业之间的相关性 …………………………………………………… 32
　第一节　FS …………………………………………………………………… 32
　第二节　SS …………………………………………………………………… 36
　第三节　FF …………………………………………………………………… 37
　第四节　SF …………………………………………………………………… 38
第七章　优化施工周期 ………………………………………………………… 39
　第一节　优化施工周期的几种方案 ………………………………………… 39
　第二节　工期与成本的双重优化 …………………………………………… 42

下篇　施工项目工程内业实例

第八章　建筑工程审批手续 ·· 46
　　第一节　选址意见书阶段 ·· 48
　　第二节　建设用地规划许可证阶段 ································ 48
　　第三节　建设工程规划许可证阶段 ································ 49
　　第四节　建设工程施工许可证阶段 ································ 50
第九章　单位工程施工程序 ·· 55
　　第一节　建设项目与工程层次 ······································ 55
　　第二节　开工前准备工作 ·· 56
　　第三节　基础工程 ·· 58
　　第四节　主体工程 ·· 60
　　第五节　装修工程 ·· 62
　　第六节　建立工程竣工档案 ··· 64
第十章　单位工程施工内容及其要求 ································ 66
　　第一节　图纸会审 ·· 66
　　第二节　施工组织设计 ··· 66
　　第三节　定位抄测放线 ··· 68
　　第四节　技术交底 ·· 70
　　第五节　隐蔽工程 ·· 70
　　第六节　设计变更和技术核定 ····································· 73
　　第七节　季节性技术 ·· 73
　　第八节　材料试化验 ·· 74
　　第九节　砂浆混凝土化验 ·· 75
　　第十节　构件合格证 ·· 76
　　第十一节　施工技术日记 ·· 77
　　第十二节　气象气温记录 ·· 78
　　第十三节　事故处理及报告 ··· 78
　　第十四节　沉降观测记录 ·· 78
　　第十五节　竣工图 ·· 79
　　第十六节　技术档案整理 ·· 79
第十一章　工序质量控制流程图 ······································· 80
第十二章　住宅施工项目 Project 实例 ····························· 88
第十三章　工程内业软件操作方法 ··································· 92
　　第一节　解压软件安装 ··· 92
　　第二节　软件安装 ·· 97
　　第三节　加密锁驱动安装 ·· 99
　　第四节　建筑工程内业 ··· 102

第十四章　平法钢筋加工下料软件操作方法 …… 115
　　第一节　阅读钢筋计算窗口 …… 115
　　第二节　钢筋计算的操作 …… 115
附录 1　单位工程技术内业土建表格 …… 119
参考文献 …… 163
后记 …… 164

上篇　网络图与 Project 的基本知识

第一章　绪　论

第一节　Project 软件与网络图

网络图也是系统工程内容的一种方法论。什么是系统工程呢？这要从它的属性说起：

1. 目标性——具有明确实现目标；
2. 综合性——具有两个以上的任务存在于一个项目中；
3. 相关性——任务之间在执行过程中，是有制约的；
4. 环境适应性。

要想明白 Project 软件的功用，不得不提网络图。不懂网络图，就不可能用好网络图。要想明白网络图，就不得不提及运筹学。

运筹学产生于第二次世界大战当中。这是当时同盟国为了应对德国法西斯的疯狂侵略，研究出了对策论和决策论。另外，还有线性规划、整数规划、非线性规划和网络图计划技术等。第二次世界大战当中中途岛大海战，美军就是用了对策论战胜了日本强大的海军舰队，日本海军当时损失惨重。

网络图在大兵团作战、庞大建设项目施工和庞大的尖端技术工程（如阿波罗登月艇和北极星导弹）的进程中，已经发挥出了卓绝的协调功能，极大地获得工期和成本的优化。制造阿波罗登月艇零件的工厂，有两万多家。哪一个工厂生产哪一种零、部件，要求完成的期限，各自都有严格的规定。哪一个零件，生产在先，哪一个零件，生产在后，把这些零件，装配成部件时，哪一个零件都不拖装配部件时的后腿，一环扣一环，必须准确无误。就这样，按照网络图计划技术进行，阿波罗登月艇实现登月，提前了十年。北极星导弹提前了六年。网络图计划技术具有缩短工期、提高效率和降低成本的明显优点。如果任务的数量，只有几十个，用手画还行。如果是成百上千或成千上万的话，用手画和用手调整，花的时间就太多了。至于跟踪调整，又谈何容易。

上世纪 80 年代初，笔者作为"中国建筑管理教育考察团"的学者成员，在当时西德的布郎瑞克大学，看到了由计算机中的程序打印出的网络图。它很像今天 Project 软件程序打印出的网络图。当时，微电脑的操作系统，只是 DOS，还没有可视窗——Windows。至于计算机语言，也只是 Basic、Fortran 和 Pascal 等几种。当时，只能借助于 Tab 键，画一些简单的表格，至于插图，根本谈不上。

及至上世纪 90 年代，随着 Microsoft Windows 操作系统的出现，在 Microsoft 的 Office 家族中，产生了用于各行各业的项目管理的 Project 软件。这是项目管理工程的一次特大的飞跃。它把项目管理工程实现现代化科学管理，变成了现实。

第二节 建设项目与 Project 项目

本书是把 Project 软件引入到建筑施工项目来应用的。在建筑工程领域中，开发的建设项目，有大有小。一个大的建设项目，可以包括一个以上到若干个单项工程。一个单项工程是其投入使用后，具备独立获取经济效益或社会效益功能的建设项目。也可以说，单项工程是一个大的建设项目的组成单元。如果单项工程比较大，它还可能包括一个以上到若干个的单位工程。

单位工程具备独立组织施工和独立经济核算的条件，并且还得具备完整的建筑物的使用功能。如具备给水、排水、采暖、燃气、电气等设施。建设项目、单项工程和单位工程，对于 Project 软件来说，都可以作为一个项目，设计各种 Project 视图（此处的所谓"视图"，是指表格和表格式的图；而不是工程制图中的投影视图）。

第三节 建设项目的信息管理

信息不是抽象的。科学管理必须用数据说话。建设项目中的信息管理，就是指建设项目中的工程任务、资源、财务、时间等及其数据。这里的信息管理，是指对信息的现代科学管理进行优化，实现最大限度地缩短工期、提高生产效率和降低成本。

目前，城市中的项目工程经理部，已有相当一部分有了微电脑，已经实现了对报表填写的计算机化。现在，更可以用微软的 Project 软件，对施工组织计划，进行现代化的科学管理。

从上世纪 60 年代起，在项目工程施工中，人们多数习惯于使用双代号网络图。由双代号网络图，向 Project 的甘特图视图过渡，是非常方便的。只需把双代号网络图中的①-②、③-④……，在 Project 的甘特图视图中，用序号列中的 1、2……，与其对应就可以了。

在使用 Project 各视图之前，必须熟悉双代号网络图中的开始时间、完成时间、最早开始时间、最早完成时间、最晚开始时间和最晚完成时间的计算方法。对此，本书将在第四章中，作详细介绍。在确定关键线路前，是以这些时间中的一些数据为前提，来最终确定的。

第四节 建设项目信息管理中的多项功能

前面已经讲过，Project 既能优化工期，又能优化成本等等，它是在传统网络图的基础上的一个质的飞跃。它不只是形式上的变换。它的功能，是传统网络图远远不能比拟的。因为在 Project 视图的后面，充塞了大量的功能程序。在 Project 的甘特图中，可以根据需要的条件，通过筛选按钮，列出所需要的数不胜数的数据。在 Project 的甘特图任务栏目里，对于分部分项工程的具体作业，可以敲击它左边的链接钮，打开显示所需要的图纸和表格以及预算等等。有的表格可以调出来，填写，甚至于填写完，径由网上直接发往质量监督站、经理部和甲方等部门。

对于建设项目的执行情况，在使用 Project 全过程中，透明度极强。随时都可以对工程任务、资源、财务、时间等信息，进行提取或计算。

在建设项目中的上下级之间或部门之间，可以信息资源共享，信息互动。

第五节 建设项目的优化决定于各分部分项工程和工序之间的运筹逻辑的组合

分部分项工程和工序，这里暂且统称为作业。做施工进度计划时，必须考虑以下几个问题：

1. 哪个作业放在开工的第一天？
2. 哪个作业的完工日是竣工日？
3. 根据项目工程的初步要求和资源投入的数量，确定本作业的所需要的工期。
4. 除首先开工的作业以外，所有作业均须确认自己的前置作业（紧前作业）。
5. 在完成上述作业安排后，Project 立刻就会给出关键线路。

本书对于这些计算机操作，均以图解方式，予以详细讲解。之后，该是如何在关键线路的各个作业上做文章了。分析作业与各自前置作业的相关性。找出工程上容许的作业间衔接上的"时间差"。比如说，前置作业开工后尚未完工的时候，该作业就开工了。诸如此类的"时间差"方法，实现工期赶前的目的，就是对关键线路的优化。

第二章 Microsoft Office Project 软件安装

开展项目工程，利用 Microsoft Office Project（以下简称 Project）软件来代替笔和纸，其工作效率何止几十、几百倍。计算和优化的速度，只在弹指刹那间。

把软件的功能置入计算机的过程，叫做安装。Project 是 Microsoft Office System 中的一部软件。

现在开始讲 Project 软件的安装。把 Project 光盘放入光盘驱动器中。界面显现如图 2-1 所示。这时点击安装 Project 2003(P)，计算机便开始把安装文件复制到计算机中。

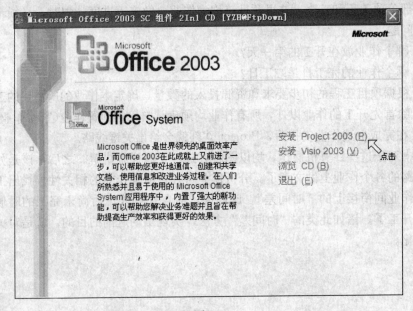

图 2-1

接着，显现图 2-2。该图下方在动的是时间进度条。时间进度条到尽头便表示复制完毕。

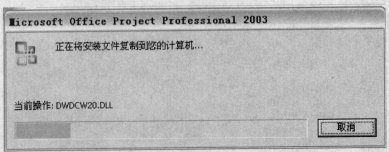

图 2-2

在图 2-3 中的"产品密钥"字后空格中输入该软件的密码。

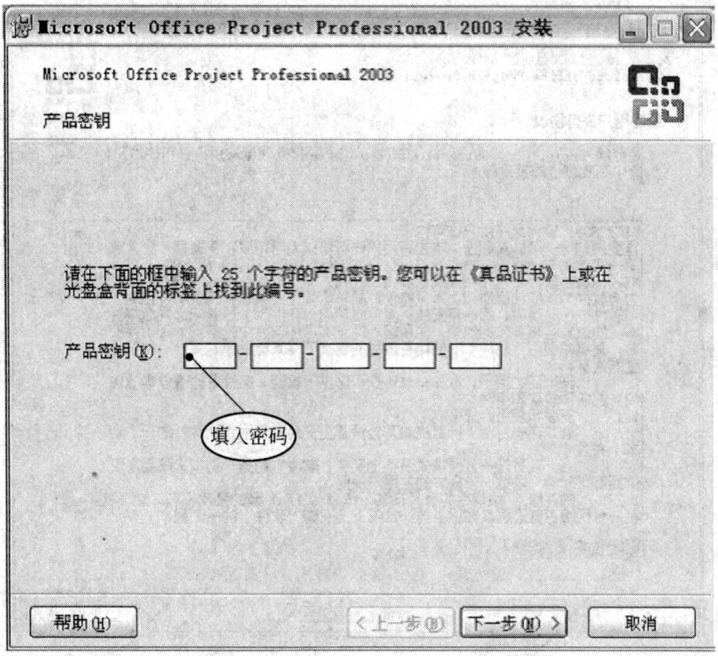

图 2-3

在图 2-4 中填写用户名、用户的缩写和用户单位。

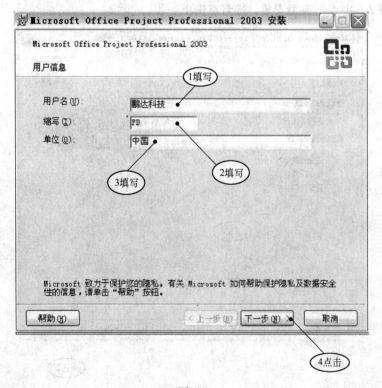

图 2-4

在图 2-5 中的下方，点击方格，表示接受协议。接着，再点击"下一步"。

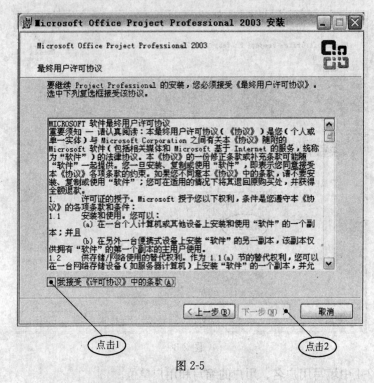

图 2-5

在图 2-6 中点击典型安装，接着点击下一步。

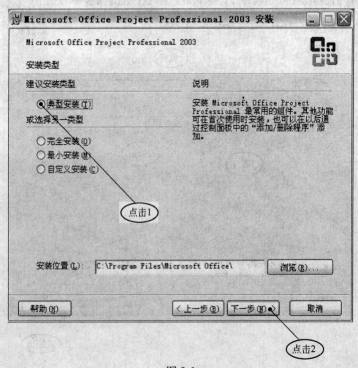

图 2-6

在图 2-7 中点击"安装"按钮。把 Project 软件安装到计算机中。

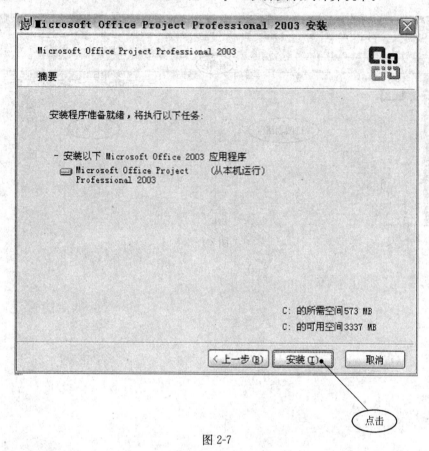

图 2-7

如图 2-8 所示，在桌面的左下方，点击"开始/程序/Microsoft Office Project 2003"之后，便打开了 Project 2003 软件，如图 2-9。

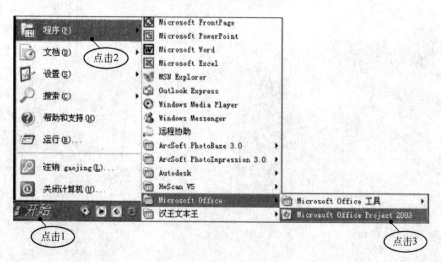

图 2-8

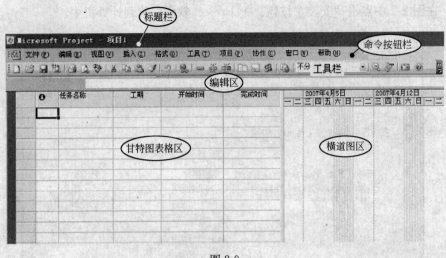

图 2-9

第三章　Project 工作界面

第一节　按　　钮

1. 命令按钮

最上一排按钮，是命令按钮。一般书都把它称为"菜单"。这源于上个世纪70年代前后，把"Menu"，翻译成中文词语——"菜单"。命令按钮包括："文件"；"编辑"；"视图"；"插入"；"格式"；"工具"；"项目"；"协作"；"窗口"；"帮助"。

图 3-1 中的字就是命令按钮，如"文件(F)"就是命令按钮。当点击 10 个命令按钮当中任何一个命令按钮时，都会出现它的"子命令按钮"。

图 3-1

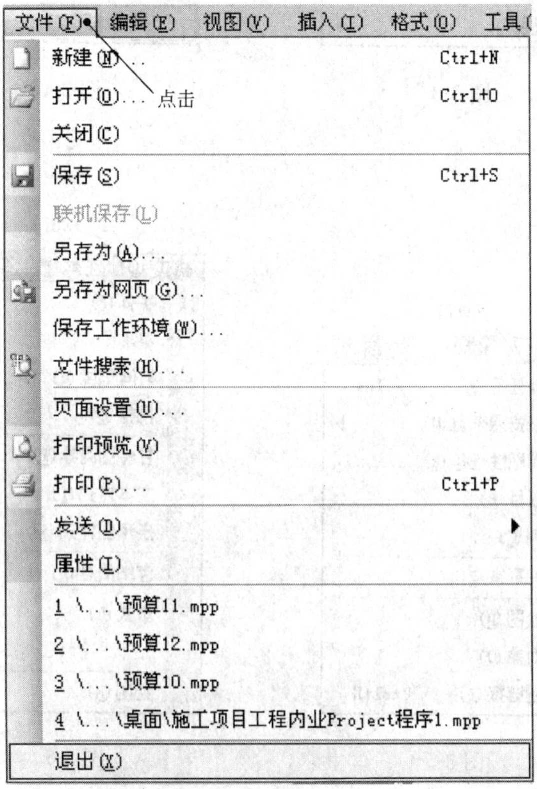

图 3-2

图 3-3

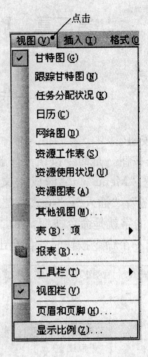

图 3-4

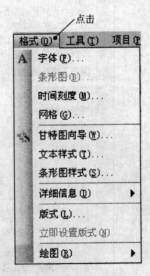

图 3-5

图 3-6

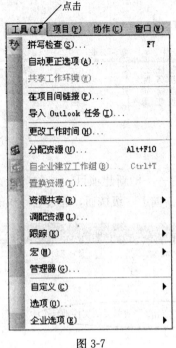

图 3-7

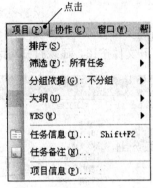

图 3-8

图 3-9

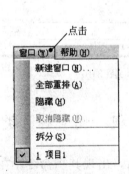

图 3-10

图 3-11

如图 3-12，点击标题栏的图标时，则显现图 3-13 所示的子命令。

图 3-12

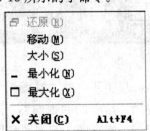

图 3-13

2. 常用工具栏

图 3-14 中的一排图标，都是常用工具的按钮。

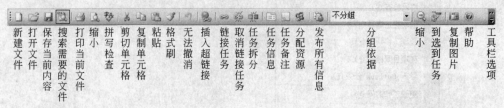

图 3-14

点击新建文件按钮，界面显现甘特图视图——即新建项目。

点击打开文件按钮，显现打开对话框，点击向上一级按钮，通过它寻找的地址。

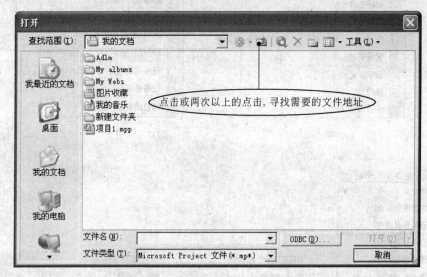

图 3-15

第二节 视 图 种 类

在前面点击"视图"命令按钮时，出现其子命令。在子命令菜单中，再点击"视图栏"，则出现图 3-16。

图 3-16

Project 里边所讲的"视图"，和土建、机械等工程技术专业所讲的"视图"是不一样的。后者的"视图"，是指工程制图中的六面"视图"（前视图、左视图、顶视图、右视图、仰视图和后视图）。而 Project 里边所讲的"视图"，是指上面的九种图（或表格）。上面的九种图（或表格）在 Project 程序里，默认是竖向排列的。

1. 甘特图（Gantt Chart）

图 3-17 甘特图，是上述九种图（或表格）中，最常用的一种。

●	任务名称	工期	开始时间	完成时间	前置任务	资源名称	22日			2007年3月29日			
							六	日	一	二	三	四	五	六	日
							画横道图的区域						

图 3-17

2. 跟踪甘特图

跟踪甘特图的格式，与甘特图相同。

3. 任务分配状况

图 3-18 是对人力，按日期的资源分配。人力资源的分配，不需要现填写。如果，在甘特图的资源名称域中，已经填写了各工种的人员名额，当打开任务分配状况视图时，人力资源的分配工时已经存在于该视图中了。

●	任务名称	工时	工期	开始时间	完成时间	详细信息		2007年3月29日		
							日	一	二	三	四
						工时					
						工时					
						工时					
						工时					
						工时					

图 3-18

4. 日历

图 3-19 即日历视图。若甘特图中已经输入信息，信息也就在这里自动进入了。

二〇〇七年四月				
星期一	星期二	星期三	星期四	星期五
27	28	29	30	31

图 3-19

5. 网络图

当某一工程的甘特图中，已经输入了人力资源信息，则如图 3-20 网络图视图所示。

6. 资源工作表

图 3-21 为资源工作表视图。

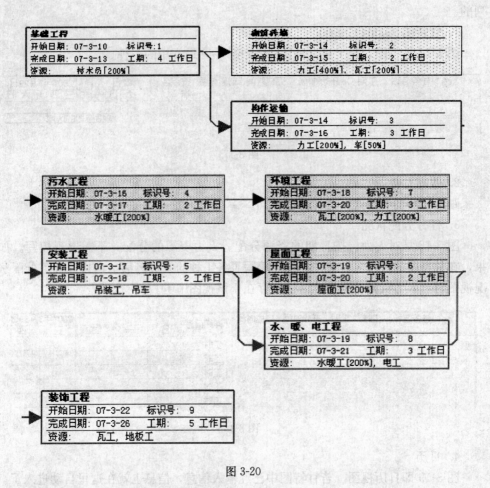

图 3-20

图 3-21

7. 资源使用状况

图 3-22 为资源使用状况视图。

8. 资源图表

图 3-23 为资源图表视图。

9. 其他视图

除了上述八种视图以外，用户还可以从其他视图对话框中，选取自己所需要的视图。参见图 3-24 和图 3-25。

图 3-22

图 3-23

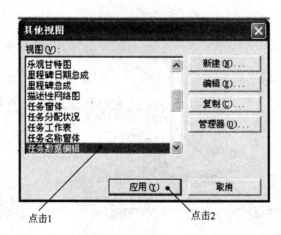

图 3-24

图 3-25

第四章　网络图(CPM-Critical Path Method)

第一节　网络图的基本概念

传统网络图

举一个民用房屋的施工做为例子，来说明各个分部分项工程的关键线路法。把基础工程、砌筑砖墙、构件运输、污水工程、安装工程、屋面工程、环境工程、水暖电工程和装饰工程，以及它们的工期和紧前作业，画出它们的网络图。

什么是"紧前作业(前置作业)"呢？比如基础不打好，墙体就不能开始砌筑。那么基础就是墙体的紧前作业。

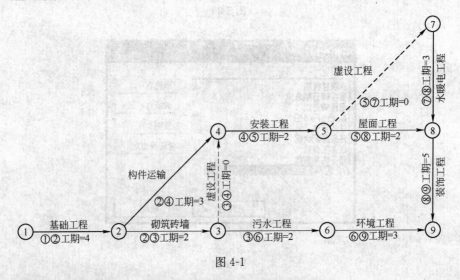

图 4-1

图 4-2a 所示，由于③处的框中"15"，和⑤处的框中"18"，均为虚设作业的最早开始日期，可以从图中省略——即图 4-2b。

图 4-2 是传统网络图中的一种，它表示各分部分项工程、工序等的工作最早开始日期、最晚开始日期和竣工日期。每个带圈数字的附近，都有一个"日"字型的长方框。框上部数字是最早开始日期；框下部数字是最晚开始日期。但是，"日"字型的长方框中表示的日期，容易使人产生误读。如②下的上方框中"14"，是属于①-②或②-③，抑或②-④。由于"14"属于上方框中的，它已定义为最早开始日期。所以它属于②-③和②-④的最早开始日期。

为了便于叙述，这里暂且把分部分项工程、工序等，统称为作业。现在计算各个作业的最早开始日期。

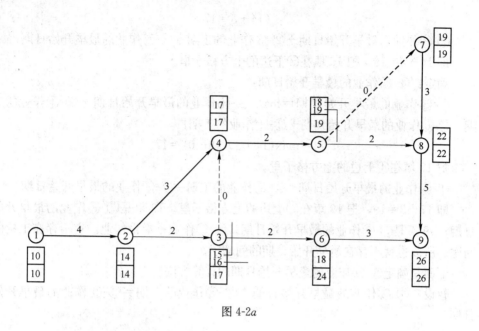

图 4-2a

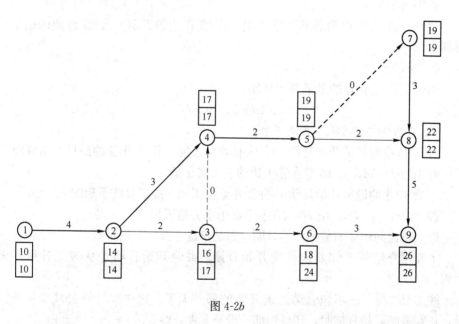

图 4-2b

①-②作业的最早开始日期的上班时间＋①-②作业的工期＝②-③作业的最早开始日期

即 10＋4＝14，把 14 填在②下边的上方格子里。

①-②作业的最早开始日期＋①-②作业的工期＝②-④作业的最早开始日期

即 10＋4＝14，情况同前。

暂设：②-④作业的最早开始日期＋②-④作业的工期＝④-⑤作业的最早开始日期

$$(14+3=17)$$

②-③作业的最早开始日期＋②-③作业的工期＝③-⑥作业的最早开始日期

即 14＋2＝16，把 16 填在③下边的上方格子里。

确定：④-⑤作业的最早开始日期：

④-⑤作业的最早开始日期＝max{②-④作业的最早开始日期＋②-④作业的工期，③-⑥作业的最早开始日期＋③-④作业的工期}

$$=\max\{14+3, 16+0\}=17$$

把 17 填在④上边的上方格子里。

④-⑤作业的最早开始日期＋④-⑤作业的工期＝⑤-⑧作业的最早开始日期

即 17＋2＝19，把 19 填在⑤上边的上方格子里。19 也是⑦-⑧作业的最早开始日期；19 不是⑤-⑦作业的最早开始日期。⑤-⑦作业是虚设作业，它不存在工期的问题。所以也就不存在最早开始日期的问题了。

下面是确定⑧-⑨作业的最早开始日期的计算方法。

暂设：⑦-⑧作业的最早开始日期＋⑦-⑧作业的工期＝⑧-⑨作业的最早开始日期

即 19＋3＝22。

暂设：⑤-⑧作业的最早开始日期＋⑤-⑧作业的工期＝⑧-⑨作业的最早开始日期

即 19＋2＝21。

确定：⑧-⑨作业的最早开始日期：

$$\max\{19+3, 19+2\}=22$$

把 22 填在⑧右边的上方格子里。

③-⑥作业的最早开始日期＋③-⑥作业的工期＝⑥-⑨作业的最早开始日期

即 16＋2＝18，把 18 填在⑥上边的上方格子里。

⑧-⑨作业的最早开始日期＋⑧-⑨作业的工期＝竣工日的下班时间

即 22＋5－1＝26，把 26 填在⑨下面的上方格子里。

以上所说的作业的最早开始日期，都是指这一天的上班时刻。

下面再介绍每个作业的最晚开始日期。最晚开始日期是从竣工日那一天往回算。

竣工日"26"已不包含第二天开工的那一天了。比中间计算公式少一天。但是，计算最晚开始日期时，还得把那一天补上去。即

$$26+1-5=22$$

把 22 填在⑧右边的下方格子里。

$$22-3=19$$

把 19 填在⑦右边的下方格子里。

$$\min\{19-0, 22-2\}=19$$

把 19 填在⑤上边的下方格子里。

$$19-2=17$$

把 17 填在④上边的下方格子里。
$$\min\{19-0, 22-2\}=19$$
$$27-3=24$$
把 24 填在⑥下边的下方格子里。
$$\min\{24-2, 17-0\}=17$$
把 17 填在③下边的下方格子里。
$$\min\{17-3, 17-2\}=14$$
把 14 填在②下边的下方格子里。
$$14-4=10$$
把 10 填在①下边的下方格子里。

第二节 把网络图转换成 Project 表

把网络图转换成 Project 表，要使网络图中的双代号作业，与 Project 中甘特图的序号对应起来：

Project 序号	网络图中的双代号作业
1	①-②
2	②-③
3	②-④
4	③-④
5	③-⑥
6	④-⑤
7	⑤-⑦
8	⑤-⑧
9	⑥-⑨
10	⑦-⑧
11	⑧-⑨

		任务名称	工期	最早开始时间	最早完成时间	最晚开始时间	最晚完成时间	前置任务
1		基础工程	4 工作日	2007年4月10日	2007年4月13日	2007年4月10日	2007年4月13日	
2		砌筑砖墙	2 工作日	2007年4月14日	2007年4月15日	2007年4月15日	2007年4月16日	1
3		构件运输	3 工作日	2007年4月14日	2007年4月16日	2007年4月14日	2007年4月16日	1
4		虚设作业	0 工作日	2007年4月15日	2007年4月15日	2007年4月17日	2007年4月17日	2
5		污水工程	2 工作日	2007年4月16日	2007年4月17日	2007年4月22日	2007年4月23日	2
6		安装工程	2 工作日	2007年4月17日	2007年4月18日	2007年4月17日	2007年4月18日	3, 4
7		虚设作业	0 工作日	2007年4月18日	2007年4月18日	2007年4月19日	2007年4月19日	6
8		屋面工程	2 工作日	2007年4月19日	2007年4月20日	2007年4月20日	2007年4月21日	6
9		环境工程	3 工作日	2007年4月18日	2007年4月20日	2007年4月24日	2007年4月26日	5
10		水、暖、电工程	3 工作日	2007年4月19日	2007年4月21日	2007年4月19日	2007年4月21日	7
11		装饰工程	5 工作日	2007年4月22日	2007年4月26日	2007年4月22日	2007年4月26日	8, 10

图 4-3

《讨论1》

从图4-3所示表中看，砌筑砖墙作业的最晚开始时间是"2007年4月15日"。而图4-2中②下边的下方格子里，明明写的是"14"。究竟哪个对呢？回答是网络图中的"14"对。原因是Project计算出的"14"，只是计算最晚开始时间的过度数值。前面计算最晚开始时间中有一段文字：

$$\text{min}\{17-3, 17-2\}=14$$

把14填在②下边的下方格子里。"

Project中甘特图表中的17-2就是=15。如果采用了15，就会把整个工期拖长一天。所以，就要在17-3和17-2两个值中取比较小的值——17-3=14。

因此，把砌筑砖墙作业的最晚开始时间，采用"2007年4月15日"是错误的。

《讨论2》

从图4-3所示表中看，虚设作业的最早开始日期是"2007年4月15日"是对的。而且，和在网络图图4-2a是一致的。请看网络图，③-⑥作业最早开始日期是"2007年4月16日"。

16日是③-⑥作业开始的新的一天。而虚设作业，并没有开始有新的一天(16)。再从另一个角度分析，②-③作业的工期是两天：一天是14日；一天是15日。15日对于③-④作业来说，时间是凝固的，15日这一天没有向③-④作业推移。

《讨论3》

从图4-3所示表中看，污水工程作业的最晚开始时间是"2007年4月22日"。"2007年4月22日"不是污水工程的最晚开始时间抉择日期。它和砌筑砖墙作业情况一样，此处不再赘述(见图4-2a)。

《讨论4》

第二个虚设作业的最早开始日期是"2007年4月18日"。情况与第一个虚设作业类似。

《讨论5》

屋面工程作业的最晚开始时间，与砌筑砖墙作业、污水工程作业的情况类同。

第三节 建立与Microsoft Office Project 相对应的网络图(CPM)

如图4-4所示，在原有的传统网络图中，给每个作业增添了最早完成日期。这样一来，每个作业都表示出它的最早开始日期和最早完成日期。而且，和图4-3对照校核也方便。

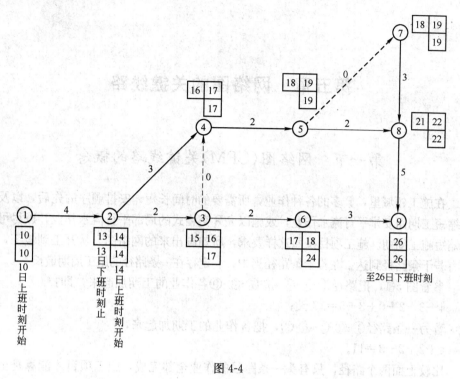

图 4-4

第五章 网络图的关键线路

第一节 网络图(CPM)关键线路的概念

在施工领域里,繁多的各种作业,所需要的时间长短,安排顺序的先后,以及考虑缩短工期而安排平行流水作业,或施以犬牙交错式的局部平行流水作业,以尽可能地缩短施工周期。施工项目按照这样要求,所勾画出来的网络图,从开工到竣工,可以有若干条路径到达。在若干条路径当中,一定存在一条路径的施工周期最长。

参看图5-1,把路径①-②-④-⑤-⑦-⑧-⑨各作业的工期加起来,即:
4+3+2+0+3+5=17 天;
看另一条路径①-②-③-⑥-⑨,把各作业的工期加起来,
4+2+2+3=11。
比较上面两个路径,只有头一条路径的作业全部完成,施工项目才能算是全部竣工。

施工周期最长的路径,就叫做关键线路。

第二节 关键线路的计算

带有"最早开始时间"和"最晚开始时间"的网络图,确认关键线路是最方便的。
"日"字框中的"最早开始时间"和"最晚开始时间"的数字相同,就说明是关键线路的路径点。涂成灰色的圈字,就是连成关键线路的节点(也叫做里程碑),见图5-1。

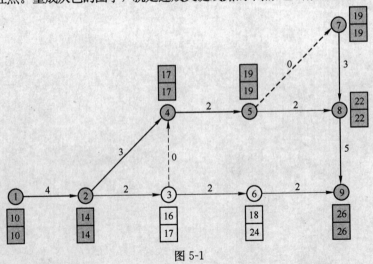

图 5-1

回过头来，现在再利用甘特图表格求关键线路，就方便多了。

在 Project 的程序中，蕴藏着“关键”域(列)。

利用甘特图表格打开关键线路的步骤：

首先考虑把“关键”域放在哪里？如果想放在第二列，就进行下一步；

点击插入命令后，显现出一个子命令，接着再点击子命令列；

		任务名称	工期	前置任务	最早开始时间	最早完成时间	最晚开始时间	最晚完成时间
1		基础工程	4 工作日		2007年4月10日	2007年4月13日	2007年4月10日	2007年4月13日
2		砌筑砖墙	2 工作日	1	2007年4月14日	2007年4月15日	2007年4月15日	2007年4月16日
3		构件运输	3 工作日	1	2007年4月14日	2007年4月16日	2007年4月14日	2007年4月16日
4		虚设作业	0 工作日	2	2007年4月15日	2007年4月15日	2007年4月17日	2007年4月17日
5		污水工程	2 工作日	2	2007年4月16日	2007年4月17日	2007年4月22日	2007年4月23日
6		安装工程	2 工作日	3,4	2007年4月17日	2007年4月18日	2007年4月17日	2007年4月18日
7		虚设作业	0 工作日	6	2007年4月18日	2007年4月18日	2007年4月19日	2007年4月19日
8		屋面工程	2 工作日	6	2007年4月19日	2007年4月20日	2007年4月20日	2007年4月21日
9		环境工程	3 工作日	5	2007年4月18日	2007年4月20日	2007年4月24日	2007年4月26日
10		水、暖、电工程	3 工作日	7	2007年4月19日	2007年4月21日	2007年4月19日	2007年4月21日
11		装饰工程	5 工作日	8,10	2007年4月22日	2007年4月26日	2007年4月22日	2007年4月26日

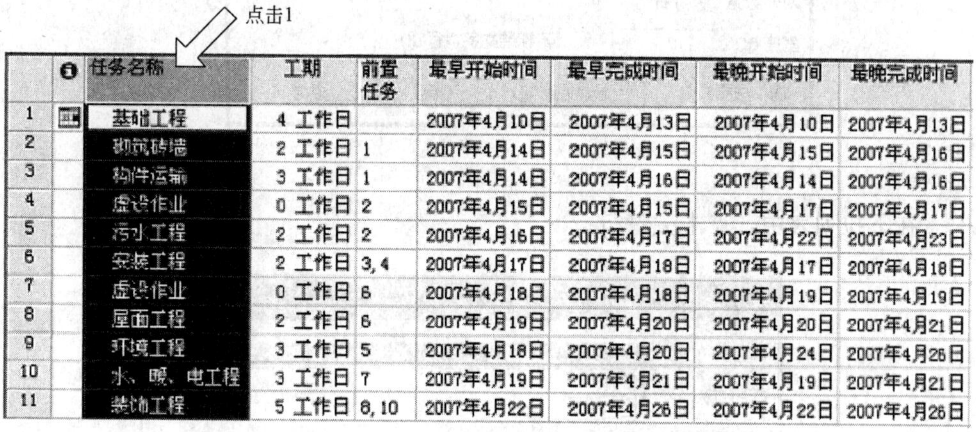

图 5-2

点击插入命令；

点击“任务名称”列，出现“列定义”对话框；

		任务名称	工期	前置任务	最早开始时间	最早完成时间	最晚开始时间	最晚完成时间
1		基础工程	4 工作日		2007年4月10日	2007年4月13日	2007年4月10日	2007年4月13日
2		砌筑砖墙	2 工作日	1	2007年4月14日	2007年4月15日	2007年4月15日	2007年4月16日
3		构件运输	3 工作日	1	2007年4月14日	2007年4月16日	2007年4月14日	2007年4月16日
4		虚设作业	0 工作日	2	2007年4月15日	2007年4月15日	2007年4月17日	2007年4月17日
5		污水工程	2 工作日	2	2007年4月16日	2007年4月17日	2007年4月22日	2007年4月23日
6		安装工程	2 工作日	3,4	2007年4月17日	2007年4月18日	2007年4月17日	2007年4月18日
7		虚设作业	0 工作日	6	2007年4月18日	2007年4月18日	2007年4月19日	2007年4月19日
8		屋面工程	2 工作日	6	2007年4月19日	2007年4月20日	2007年4月20日	2007年4月21日
9		环境工程	3 工作日	5	2007年4月18日	2007年4月20日	2007年4月24日	2007年4月26日
10		水、暖、电工程	3 工作日	7	2007年4月19日	2007年4月21日	2007年4月19日	2007年4月21日
11		装饰工程	5 工作日	8,10	2007年4月22日	2007年4月26日	2007年4月22日	2007年4月26日

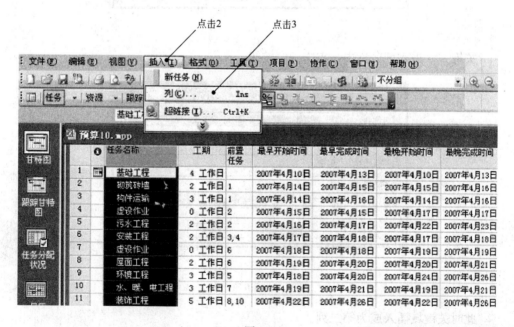

图 5-3

点击“列定义”对话框中的标识号下拉列表钮；

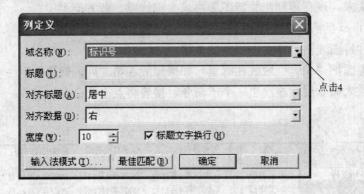

图 5-4

在下拉列表中，点击关键行；

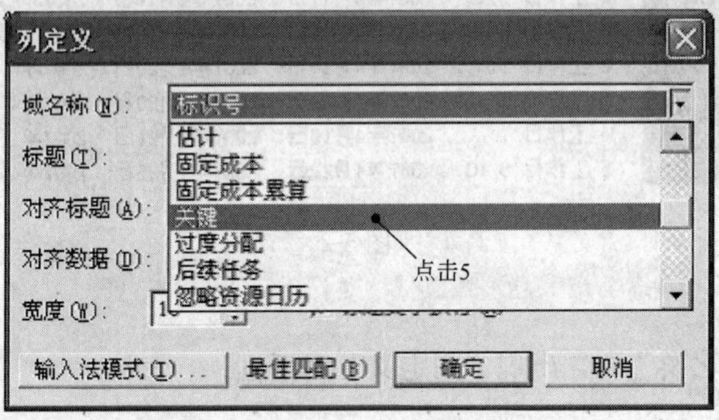

图 5-5

关键二字进入域名称中，点击确定按钮。

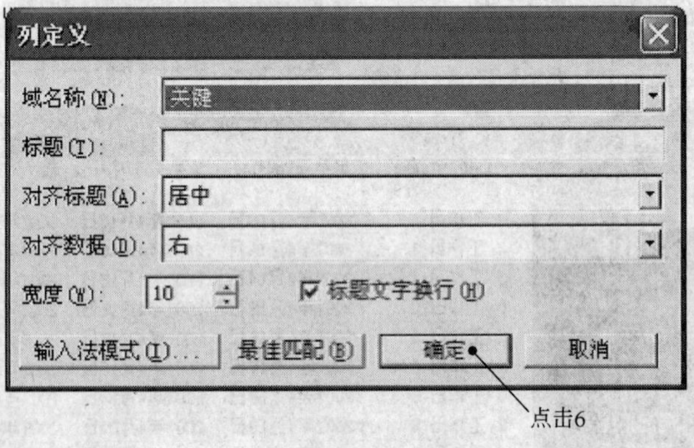

图 5-6

此时关键域插入成为第二列。

在关键域中，对于每一行任务名称，是否是属于关键线路上关键任务，都写上了是与否。从 Project 求关键线路来看，这里初步显现了 Project 的工作效率端倪。这里把图 5-7 和前面的图 5-1 相比，结果是一致的。

		关键	任务名称	工期	前置任务	最早开始时间	最早完成时间	最晚开始时间	最晚完成时间
1		是	基础工程	4 工作日		2007年4月10日	2007年4月13日	2007年4月10日	2007年4月13日
2		否	砌筑砖墙	2 工作日	1	2007年4月14日	2007年4月15日	2007年4月15日	2007年4月16日
3		是	构件运输	3 工作日	1	2007年4月14日	2007年4月16日	2007年4月14日	2007年4月16日
4		否	虚设作业	0 工作日	2	2007年4月15日	2007年4月15日	2007年4月17日	2007年4月17日
5		否	污水工程	2 工作日	2	2007年4月16日	2007年4月17日	2007年4月22日	2007年4月23日
6		是	安装工程	2 工作日	3, 4	2007年4月17日	2007年4月18日	2007年4月17日	2007年4月18日
7		是	虚设作业	0 工作日	6	2007年4月18日	2007年4月18日	2007年4月19日	2007年4月19日
8		否	屋面工程	2 工作日	6	2007年4月19日	2007年4月20日	2007年4月20日	2007年4月21日
9		否	环境工程	3 工作日	5	2007年4月18日	2007年4月20日	2007年4月24日	2007年4月26日
10		是	水、暖、电工程	3 工作日	7	2007年4月19日	2007年4月21日	2007年4月19日	2007年4月21日
11		是	装饰工程	5 工作日	8, 10	2007年4月22日	2007年4月26日	2007年4月22日	2007年4月26日

图 5-7

如图 5-8 所示，按住表格与横道图移动工具钮，向左拉时，横道图可以向左移动，并且遮盖左边的表格；向右拉时，可以重现曾被遮盖过的表格，但是表格并不遮盖横道图，而横道图只是向右移动。

		关键	分部分项工程	工期	开始时间	完成时间	前置任务	资源名称
1		是	基础工程	4 工作日	2007年4月10日	2007年4月13日		技术员[200%]
2		否	砌筑砖墙	2 工作日	2007年4月14日	2007年4月15日	1	力工[400%], 瓦工[200%]
3		是	构件运输	3 工作日	2007年4月14日	2007年4月16日	1	力工[200%], 车[50%]
4		否	虚设作业	0 工作日	2007年4月15日	2007年4月15日	2	
5		否	污水工程	2 工作日	2007年4月16日	2007年4月17日	2	水暖工[200%]
6		是	安装工程	2 工作日	2007年4月17日	2007年4月18日	3, 4	吊装工, 吊车
7		是	虚设作业	0 工作日	2007年4月18日	2007年4月18日	6	
8		否	屋面工程	2 工作日	2007年4月19日	2007年4月20日	6	屋面工[200%]
9		否	环境工程	3 工作日	2007年4月18日	2007年4月20日	5	瓦工[200%], 力工[200%]
10		是	水、暖、电工程	3 工作日	2007年4月19日	2007年4月21日	7	水暖工[200%], 电工
11		是	装饰工程	5 工作日	2007年4月22日	2007年4月26日	8, 10	瓦工, 地板工

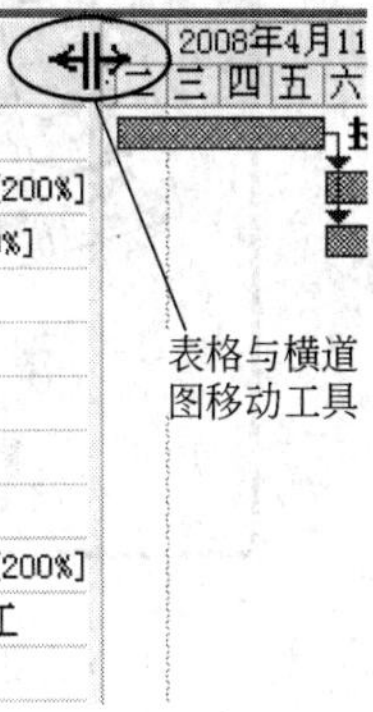

图 5-8

这样一来，就可以把分部分项工程及其工期与横道图靠近，用形象的横道图与表格的内容，进行对照阅读。

横道图虽然形象，但是关键线路上的作业，与非关键线路上的作业，确是混淆不清。然而，Project 却有办法，使其泾渭分明。如图 5-9 所示，在横道图区域点击右键后，当即显现一个快捷菜单，如图 5-10 所示。

		关键	分部分项工程	工期
1		是	基础工程	4 工作日
2		否	砌筑砖墙	2 工作日
3		是	构件运输	3 工作日
4		否	虚设作业	0 工作日
5		否	污水工程	2 工作日
6		是	安装工程	2 工作日
7		是	虚设作业	0 工作日
8		否	屋面工程	2 工作日
9		否	环境工程	3 工作日
10		是	水、暖、电工程	3 工作日
11		是	装饰工程	5 工作日

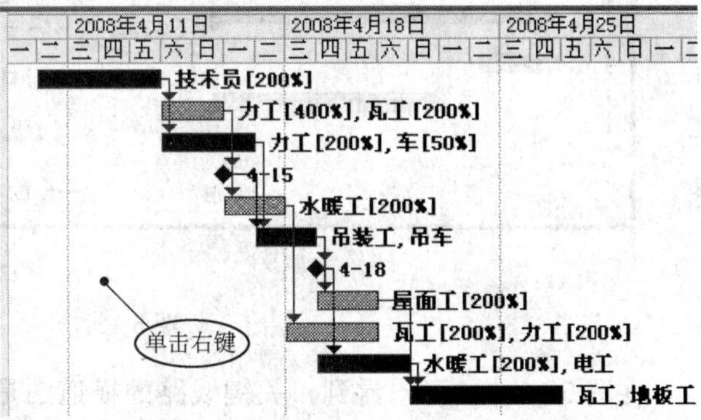

图 5-9

点击快捷菜单中的命令甘特图向导(W)…，显现甘特图向导对话框。此时，参看图 5-11，点击下一步按钮。

这时，又显现一个另外一种不同的甘特图向导对话框，如图 5-12。图中有 5 个单选框。接着，单击关键路径(C)。关键路径即关键线路。再点击下一步按钮。显现第三个甘特图向导对话框，如图 5-13。

点击完成按钮。

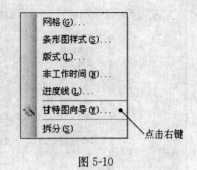

图 5-10

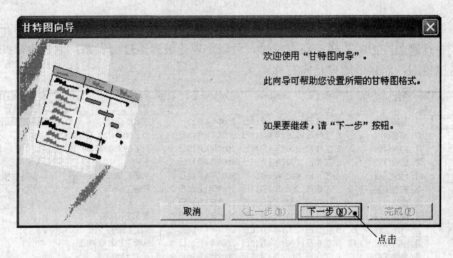

图 5-11

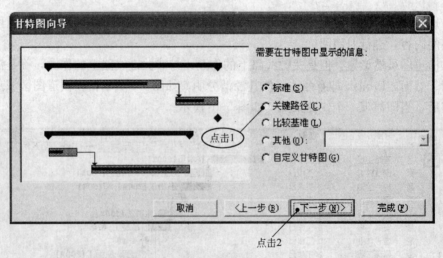

图 5-12

在图 5-14 中，可以看到，关键线路的横道图是红色，而非关键线路的横道图是蓝色。

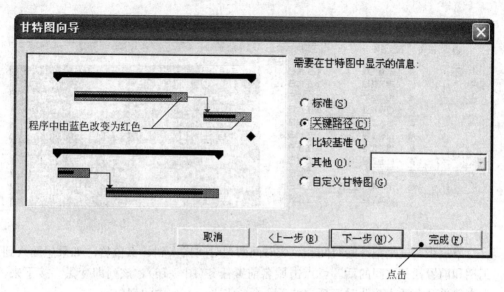

图 5-13

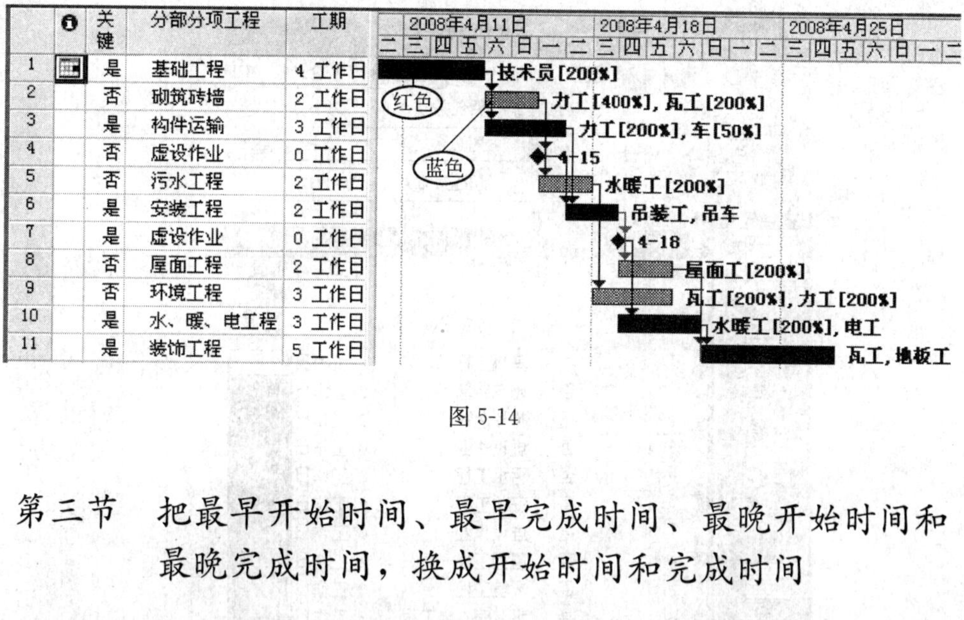

图 5-14

第三节 把最早开始时间、最早完成时间、最晚开始时间和最晚完成时间,换成开始时间和完成时间

要想把最早开始时间、最早完成时间、最晚开始时间和最晚完成时间,换成开始时间和完成时间,就得先把最早开始时间、最早完成时间、最晚开始时间和最晚完成时间删除,然后再插入开始时间和完成时间。首先是选择要删除的四个标题——最早开始时间、最早完成时间、最晚开始时间和最晚完成时间。先点击最早开始时间(日期变黑),再选择最早完成时间时,需要先按下 Shift 键不松手,再去点击最早完成时间(日期变黑)。最晚开始时间和最晚完成时间的选择方法同前。选择之后,按 Delete 键,即被删除。

		关键	任务名称	工期	前置任务	点击1 最早开始时间	点击2+Shift 最早完成时间	点击3+Shift 最晚开始时间	点击4+Shift 最晚完成时间
1		是	基础工程	4 工作日		2007年4月10日	2007年4月13日	2007年4月10日	2007年4月13日
2		否	砌筑砖墙	2 工作日	1	2007年4月14日	2007年4月15日	2007年4月15日	2007年4月16日
3		是	构件运输	3 工作日	1	2007年4月14日	2007年4月16日	2007年4月14日	2007年4月16日
4		否	虚设作业	0 工作日	2	2007年4月15日	2007年4月15日	2007年4月17日	2007年4月17日
5		否	污水工程	2 工作日	2	2007年4月16日	2007年4月17日	2007年4月22日	2007年4月23日
6		是	安装工程	2 工作日	3,4	2007年4月17日	2007年4月18日	2007年4月17日	2007年4月18日
7		是	虚设作业	0 工作日	6	2007年4月18日	2007年4月18日	2007年4月19日	2007年4月19日
8		否	屋面工程	2 工作日	6	2007年4月19日	2007年4月20日	2007年4月20日	2007年4月21日
9		否	环境工程	3 工作日	5	2007年4月18日	2007年4月20日	2007年4月24日	2007年4月26日
10		是	水、暖、电工程	3 工作日	7	2007年4月19日	2007年4月21日	2007年4月19日	2007年4月21日
11		是	装饰工程	5 工作日	8,10	2007年4月22日	2007年4月26日	2007年4月22日	2007年4月26日

图 5-15

下一步,就是把开始时间和完成时间两列时间插入到什么位置。如果想插入到工期和前置任务之间的话,就点击域名前置任务(图 5-16),该列即变黑。接下来,点击菜单命令插入。此时显现它的子命令,点击子命令中的列(c)。

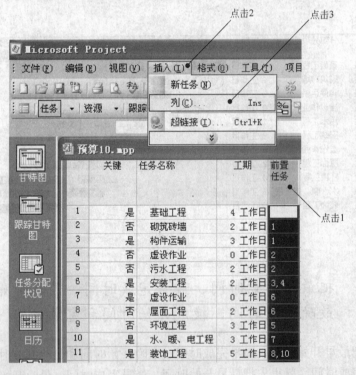

图 5-16

这时,显现列定义对话框,如图 5-17。域名称(N)右边编辑框的黑三角,显现下拉列表。

点击开始时间(图 5-18)。

开始时间四个字进入域名称(N)右边的编辑框中。点击确定按钮,见图 5-19。

用上面相同的方法找出完成时间,见图 5-20 和图 5-21。

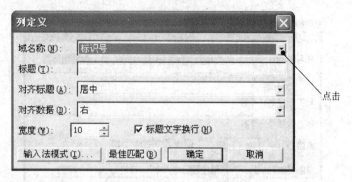

图 5-17

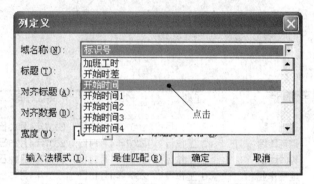

图 5-18

图 5-19

图 5-20

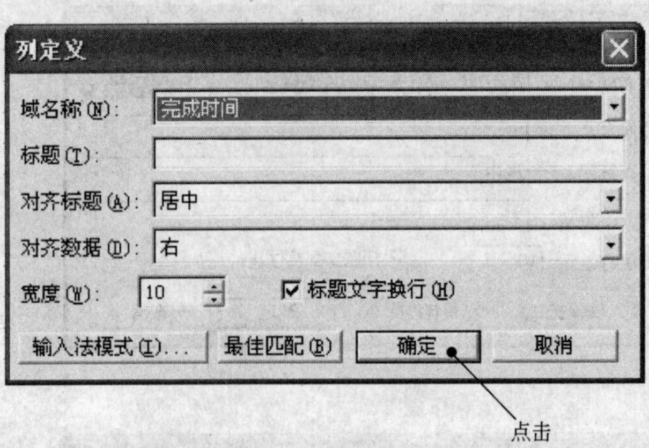

图 5-21

结果见图 5-22。

	关键	任务名称	工期	开始时间	完成时间	前置任务
1	是	基础工程	4 工作日	2007年4月10日	2007年4月13日	
2	否	砌筑砖墙	2 工作日	2007年4月14日	2007年4月15日	1
3	是	构件运输	3 工作日	2007年4月14日	2007年4月16日	1
4	否	虚设作业	0 工作日	2007年4月15日	2007年4月15日	2
5	否	污水工程	2 工作日	2007年4月16日	2007年4月17日	2
6	是	安装工程	2 工作日	2007年4月17日	2007年4月18日	3, 4
7	是	虚设作业	0 工作日	2007年4月18日	2007年4月18日	6
8	否	屋面工程	2 工作日	2007年4月19日	2007年4月20日	6
9	否	环境工程	3 工作日	2007年4月18日	2007年4月20日	5
10	是	水、暖、电工程	3 工作日	2007年4月19日	2007年4月21日	7
11	是	装饰工程	5 工作日	2007年4月22日	2007年4月26日	8, 10

图 5-22

第四节　更改域名称的方法

Project 程序中的域名称，常常和用户要求域名称不一样。这时则需要更改域名称。更改域名称的方法，参看图 5-23，用左键双击任务名称，显现列定义对话框，见图 5-23 下方。

在标题(T)右方的编辑框中，填写用户需要的域名称——分部分项工程字样。在对齐标题(A)右方的编辑框中，填写居中(居中二字不用户自己写，点击在右边编辑框中的黑三角，下拉表中点击居中。再看图 5-24，域名称——任务名称已改为分部分项工程了。

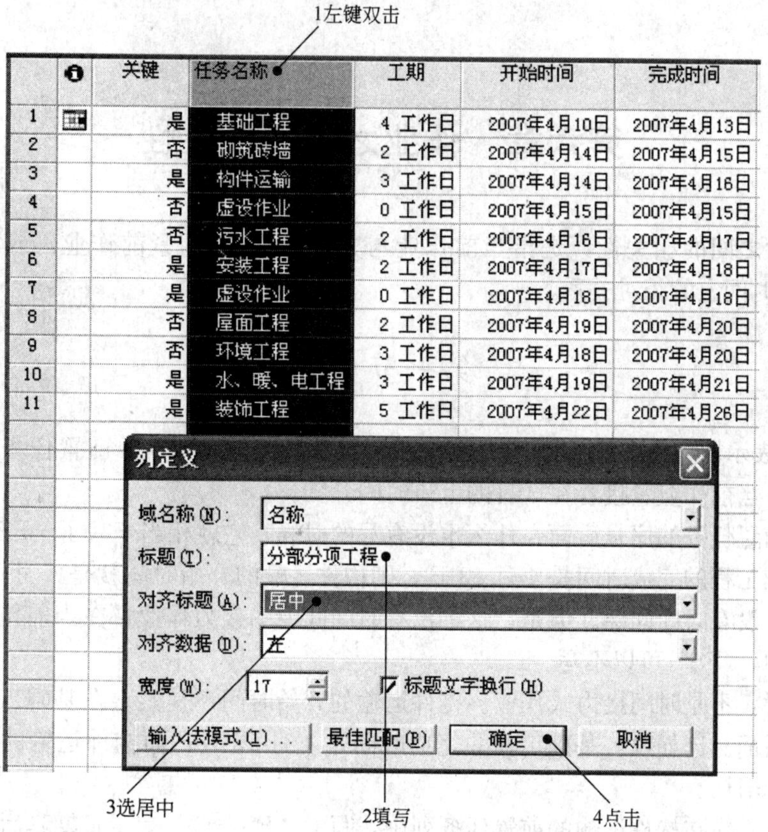

1 左键双击

	❶	关键	任务名称	工期	开始时间	完成时间
1	🔲	是	基础工程	4 工作日	2007年4月10日	2007年4月13日
2		否	砌筑砖墙	2 工作日	2007年4月14日	2007年4月15日
3		是	构件运输	3 工作日	2007年4月14日	2007年4月16日
4		否	虚设作业	0 工作日	2007年4月15日	2007年4月15日
5		否	污水工程	2 工作日	2007年4月16日	2007年4月17日
6		是	安装工程	2 工作日	2007年4月17日	2007年4月18日
7		是	虚设作业	0 工作日	2007年4月18日	2007年4月18日
8		否	屋面工程	2 工作日	2007年4月19日	2007年4月20日
9		否	环境工程	3 工作日	2007年4月18日	2007年4月20日
10		是	水、暖、电工程	3 工作日	2007年4月19日	2007年4月21日
11		是	装饰工程	5 工作日	2007年4月22日	2007年4月26日

列定义

域名称(N)：名称
标题(T)：分部分项工程
对齐标题(A)：居中
对齐数据(D)：左
宽度(W)：17 ☐ 标题文字换行(H)

输入法模式(I)... 最佳匹配(B) 确定 取消

3 选居中   2 填写   4 点击

图 5-23

已由"任务名称"改成"分部分项工程"

	❶	关键	分部分项工程	工期	开始时间	完成时间	前置任务
1	🔲	是	基础工程	4 工作日	2007年4月10日	2007年4月13日	
2		否	砌筑砖墙	2 工作日	2007年4月14日	2007年4月15日	1
3		是	构件运输	3 工作日	2007年4月14日	2007年4月16日	1
4		否	虚设作业	0 工作日	2007年4月15日	2007年4月15日	2
5		否	污水工程	2 工作日	2007年4月16日	2007年4月17日	2
6		是	安装工程	2 工作日	2007年4月17日	2007年4月18日	3, 4
7		是	虚设作业	0 工作日	2007年4月18日	2007年4月18日	6
8		否	屋面工程	2 工作日	2007年4月19日	2007年4月20日	6
9		否	环境工程	3 工作日	2007年4月18日	2007年4月20日	5
10		是	水、暖、电工程	3 工作日	2007年4月19日	2007年4月21日	7
11		是	装饰工程	5 工作日	2007年4月22日	2007年4月26日	8, 10

图 5-24

第六章 作业之间的相关性

作业之间的相关性，是指当前作业与其前置任务（即紧前作业，或称前置任务），在时间上的相对关系。

第一节 FS

FS表示前置任务完工后，当前作业紧接着开工。比如说，前置任务1日下工时完工，当前作业紧接着在2日的上班时间开工。

在前置任务的序号后面，什么也没有写的时候，它就相当于写了"FS"。

基础工程的完成时间是4月13日，则构件运输的开始时间就是4月14日。二者之间，没有时间间隙。但是，这种没有时间间隙的接力作业，在当前作业的前置任务列中，"FS"可以不写。

有时，不是时间接力式作业。构件运输的开始时间不是紧跟在基础工程的完成时间的后面。比如说，基础工程的完成时间是4月13日，而构件运输的开始时间是4月15日。

这时，应在构件运输的前置任务列中，写上"FS+1"。表示日期延后一天再开始。竣工日期为2007年4月27日，见图6-1。实际调整计划时，不宜在关键线路上延长日期。这里只是为了解释"FS+1"的意义而已。

	❶	关键	分部分项工程	工期	开始时间	完成时间	前置任务
1		是	基础工程	4 工作日	2007年4月10日	2007年4月13日	
2		否	砌筑砖墙	2 工作日	2007年4月14日	2007年4月15日	1
3		是	构件运输	3 工作日	2007年4月15日	2007年4月17日	1FS+1
4		否	虚设作业	0 工作日	2007年4月15日	2007年4月15日	2
5		否	污水工程	2 工作日	2007年4月16日	2007年4月17日	2
6		是	安装工程	2 工作日	2007年4月18日	2007年4月19日	3,4
7		是	虚设作业	0 工作日	2007年4月19日	2007年4月19日	6
8		否	屋面工程	2 工作日	2007年4月20日	2007年4月21日	6
9		否	环境工程	3 工作日	2007年4月18日	2007年4月20日	5
10		是	水、暖、电工程	3 工作日	2007年4月20日	2007年4月22日	7
11		是	装饰工程	5 工作日	2007年4月23日	2007年4月27日	8,10

图 6-1

从1、3关键线路上的两个作业来看，日期没有连续，断了一天。见图6-2。

如果，前面的情况由"FS+1"改成"FS-1"后，又意味什么？请看下面。

在图6-4、图6-5的甘特图基础上，把装饰工程的工期，往前挪动一下。

在装饰工程的前置任务中，"10"的后面，加写"FS-1"回车后，竣工日期提前了。从图6-7中会看得更清楚了。

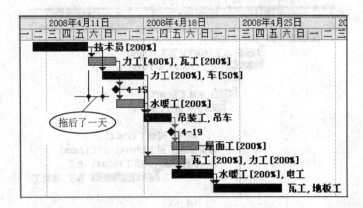

图 6-2

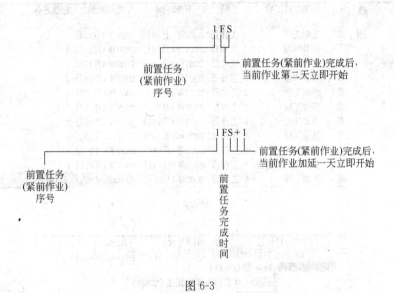

图 6-3

图 6-4

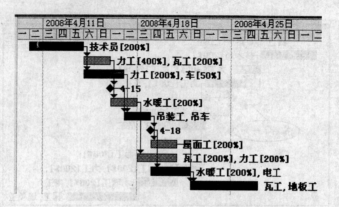

图 6-5

	❶	关键	分部分项工程	工期	开始时间	完成时间	前置任务
1		是	基础工程	4 工作日	2007年4月10日	2007年4月13日	
2		否	砌筑砖墙	2 工作日	2007年4月14日	2007年4月15日	1
3		是	构件运输	3 工作日	2007年4月14日	2007年4月16日	1
4		否	虚设作业	0 工作日	2007年4月15日	2007年4月15日	2
5		否	污水工程	2 工作日	2007年4月16日	2007年4月17日	2
6		是	安装工程	2 工作日	2007年4月17日	2007年4月18日	3, 4
7		是	虚设作业	0 工作日	2007年4月18日	2007年4月18日	6
8		是	屋面工程	2 工作日	2007年4月19日	2007年4月20日	6
9		否	环境工程	3 工作日	2007年4月18日	2007年4月20日	5
10		是	水、暖、电工程	3 工作日	2007年4月19日	2007年4月21日	7
11		是	装饰工程	5 工作日	2007年4月21日	2007年4月25日	8,10FS-1 工作日

图 6-6

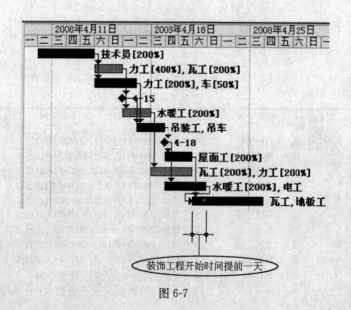

图 6-7

前例如果在装饰工程的前置任务中的"8"后,加写"FS-1"回车后,竣工日期也提前了。参看图 6-9。

	ⓘ	关键	分部分项工程	工期	开始时间	完成时间	前置任务
1	📅	是	基础工程	4 工作日	2007年4月10日	2007年4月13日	
2		否	砌筑砖墙	2 工作日	2007年4月14日	2007年4月15日	1
3		是	构件运输	3 工作日	2007年4月14日	2007年4月16日	1
4		否	虚设作业	0 工作日	2007年4月15日	2007年4月15日	2
5		否	污水工程	2 工作日	2007年4月16日	2007年4月17日	2
6		是	安装工程	2 工作日	2007年4月17日	2007年4月18日	3, 4
7		否	虚设作业	0 工作日	2007年4月18日	2007年4月18日	6
8		是	屋面工程	2 工作日	2007年4月19日	2007年4月20日	6
9		否	环境工程	3 工作日	2007年4月18日	2007年4月20日	5
10		否	水、暖、电工程	3 工作日	2007年4月19日	2007年4月21日	7
11		是	装饰工程	5 工作日	2007年4月20日	2007年4月24日	8FS-1 工作日

图 6-8

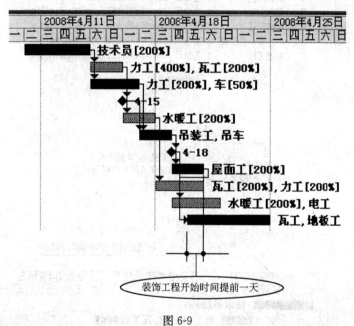

图 6-9

《讨论1》

在图 6-6 和图 6-7 中，屋面工程由一个非关键环节，变成了一个关键环节。屋面工程是怎样会成了一个关键环节了呢？一是装饰工程较前一方案，提前一天动工。它意味着在水暖电工程尚未完工的时候——也就是说，水暖电工程完工的前一天就开工了。恰好，这一天也正好屋面工程完工之后——21 日。所以说，经由 ⑦-⑧ 或 ⑤-⑧ 的时间历程。在关键线路上，它两是等价的。

《讨论2》

参看图 6-8，装饰工程的前置任务不再有作业 10，只有作业 8，而且是作业 8 完工的头一天就开始动工。

第二节 SS

第二种情况是当前作业与其前置任务，同一天开工。在当前作业的前置任务列中，加写"SS"，如图 6-10、图 6-11 及图 6-12 所示。

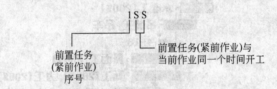

图 6-10

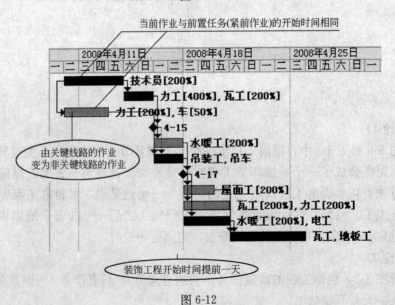

图 6-11

图 6-12

砌筑砖墙作业，由非关键作业，变成了关键作业。竣工日期提前了一天。

如果，在构件运输的前置任务列中，在"1"后写上"SS+1"。表示构件运输的开始日期延后一天再开始。竣工日期为2007年4月25日，见图6-13及图6-14。

	关键	分部分项工程	工期	开始时间	完成时间	前置任务
1	是	基础工程	4 工作日	2007年4月10日	2007年4月13日	
2	是	砌筑砖墙	2 工作日	2007年4月14日	2007年4月15日	1
3	否	构件运输	3 工作日	2007年4月11日	2007年4月13日	1SS+1 工作日
4	是	虚设作业	0 工作日	2007年4月15日	2007年4月15日	2
5	否	污水工程	2 工作日	2007年4月16日	2007年4月17日	2
6	是	安装工程	2 工作日	2007年4月16日	2007年4月17日	3, 4
7	是	虚设作业	0 工作日	2007年4月17日	2007年4月17日	6
8	否	屋面工程	2 工作日	2007年4月18日	2007年4月19日	6
9	否	环境工程	3 工作日	2007年4月18日	2007年4月20日	5
10	是	水、暖、电工程	3 工作日	2007年4月18日	2007年4月20日	7
11	是	装饰工程	5 工作日	2007年4月21日	2007年4月25日	8, 10

图 6-13

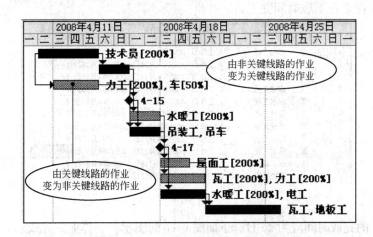

图 6-14

第三节 FF

FF表示前置任务和当前作业同一时间完工。

如图5-24所示，若令基础工程与构件运输两作业，同时完工，则需要在构件运输的前置任务的1后，加写上"FF"两个字。

现在，以图6-13为原始状态，施以FF方法，见图6-15。

其效果，与图6-13一样。

序号为1的基础工程作业完成的同时,构件运输作业同时完成。

	关键	分部分项工程	工期	开始时间	完成时间	前置任务	资源名称
1	是	基础工程	4 工作日	2007年4月10日	2007年4月13日		技术员[200%]
2	是	砌筑砖墙	2 工作日	2007年4月14日	2007年4月15日	1	力工[400%],瓦工[200%]
3	否	构件运输	3 工作日	2007年4月11日	2007年4月13日	1FF	力工[200%],车[50%]
4	是	虚设作业	0 工作日	2007年4月15日	2007年4月15日	2	
5	否	污水工程	2 工作日	2007年4月16日	2007年4月17日	2	水暖工[200%]
6	是	安装工程	2 工作日	2007年4月16日	2007年4月17日	3,4	吊装工,吊车
7	是	虚设作业	0 工作日	2007年4月17日	2007年4月17日	6	
8	否	屋面工程	2 工作日	2007年4月18日	2007年4月19日	6	屋面工[200%]
9	否	环境工程	3 工作日	2007年4月18日	2007年4月20日	5	瓦工[200%],力工[200%]
10	是	水、暖、电工程	3 工作日	2007年4月18日	2007年4月20日	7	水暖工[200%],电工
11	是	装饰工程	5 工作日	2007年4月21日	2007年4月25日	8,10	瓦工,地板工

图 6-15

第四节　SF

SF 表示前置任务开工和当前作业完工。比如说前置任务 2 日上班时间开工,则当前作业在 1 日下班时间完工。

		关键	分部分项工程	工期	开始时间	完成时间	前置任务
1		是	基础工程	4 工作日	2007年4月10日	2007年4月13日	
2		否	砌筑砖墙	2 工作日	2007年4月14日	2007年4月15日	1
3		是	构件运输	3 工作日	2007年4月14日	2007年4月16日	1
4		否	虚设作业	0 工作日	2007年4月15日	2007年4月15日	2
5		否	污水工程	2 工作日	2007年4月16日	2007年4月17日	2
6		是	安装工程	2 工作日	2007年4月17日	2007年4月18日	3,4
7		是	虚设作业	0 工作日	2007年4月18日	2007年4月18日	6
8		否	屋面工程	2 工作日	2007年4月19日	2007年4月20日	6
9		否	环境工程	3 工作日	2007年4月13日	2007年4月16日	5SF
10		是	水、暖、电工程	3 工作日	2007年4月19日	2007年4月21日	7
11		是	装饰工程	5 工作日	2007年4月22日	2007年4月26日	8,10

图 6-16

作业 9 的完成时间应为 15 日。下面图 6-17 的图示——作业 9 完成后,作业 5 才开始。图 6-17 是正确的,而图 6-16 则显示有误(因为 3 个工作日为 13、14、15)。

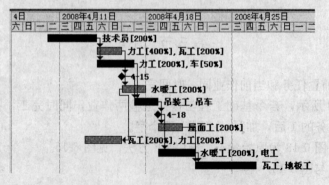

图 6-17

第七章 优化施工周期

第一节 优化施工周期的几种方案

工期赶前,常常要受到人员、材料、机械、资金等资源或施工空间等约束条件限制。但是,有一条原则,必须坚持节约资金和节约能源。

可以看出,"开始时间"="最早开始时间";"完成时间"="最早完成时间"。

1. 加大资源投入,缩短工期

根据目前情况,两名力工和半部车,三天完成构件运输作业任务。

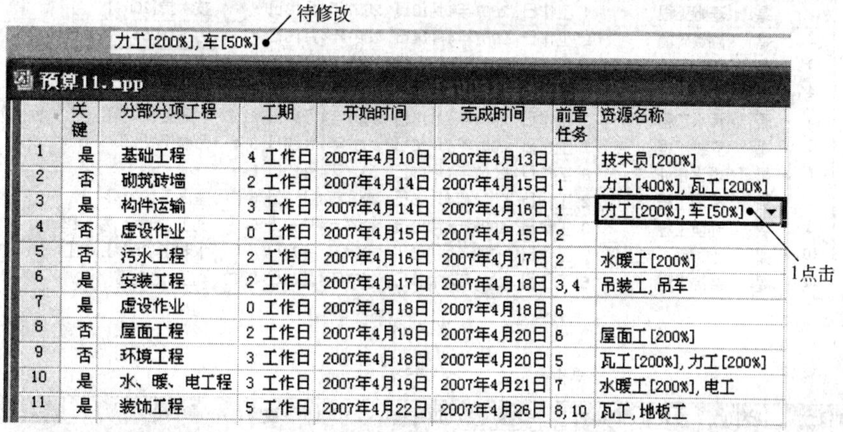

图 7-1

在图 7-1 的资源名称列与构件运输行的交点的单元格处,进行点击。单元格出现黑粗框,表示已被选中。此时,上边的编辑框中出现了方才的资源信息。为了缩短工期,这里权且采用加大资源投入的措施。在编辑框中,将 2 名力工,改为 3 名力工;将半台车改成 3/4 台车(见图 7-2)。之后,点击编辑框前的"勾"。此时,构件运输的工期,马上由"3 工作日"变成"2 工作日"了。可以看出,"开始时间"未变,工程最后"完工时间"由"2007 年 4 月 26 日"缩短为"2007 年 4 月日 25",工期缩短了一天。见图 7-3。

2. 拆分作业缩短工期

把一个分部或分项工程,分成两个独立的工程。这样一来,这两个独立的工程,就可以变成平行作业。也可以排成同时开工。这样做,工期自然会缩短。

现在,想把图 5-24 中的序号 10,即分部分项工程水、暖、电工程,分成两个独立的作业——供暖工程和水、电工程。要想做到这一点,就得增加一行分部分项工程。做法是先在装饰工程前添加一行作业。首先点击"11",接着点击菜单命令

图 7-2

图 7-3

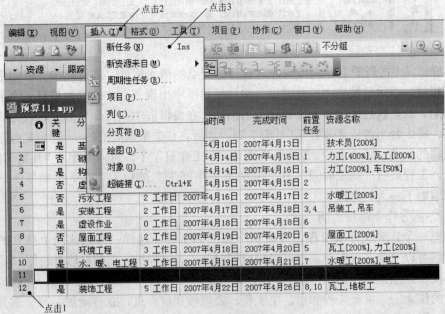

图 7-4

插入，再点击其子命令新任务。见图7-4，增加了新的一行(11)。原来旧的那一行"11"，已经变成了"12"。

如图7-5所示，在10行的 分部分项工程列中，写入供暖工程。把11行改为水、电工程。供暖工程的工期为2个工作日；水、电工程的工期为1个工作日。工程最后"完工时间"由"2007年4月26日"缩短为"2007年4月日25"，工期缩短了一天。

	❶	关键	分部分项工程	工期	开始时间	完成时间	前置任务
1	▦	是	基础工程	4 工作日	2007年4月10日	2007年4月13日	
2		否	砌筑砖墙	2 工作日	2007年4月14日	2007年4月15日	1
3		是	构件运输	3 工作日	2007年4月14日	2007年4月16日	1
4		否	虚设作业	0 工作日	2007年4月15日	2007年4月15日	2
5		否	污水工程	2 工作日	2007年4月16日	2007年4月17日	2
6		是	安装工程	2 工作日	2007年4月17日	2007年4月18日	3, 4
7		是	虚设作业	0 工作日	2007年4月18日	2007年4月18日	6
8		否	屋面工程	2 工作日	2007年4月19日	2007年4月20日	6
9		否	环境工程	3 工作日	2007年4月18日	2007年4月20日	5
10		是	供暖工程	2 工作日	2007年4月19日	2007年4月20日	7
11		否	水、电工程	1 工作日	2007年4月19日	2007年4月19日	7
12		是	装饰工程	5 工作日	2007年4月21日	2007年4月25日	11, 10

图 7-5

3. 把尾首衔接的两个作业改成平行交错

要想缩短工期，必须从关键线路上的各个作业里面做文章。构件运输作业是关键线路上的作业。点击构件运输行与前置任务交点(见图7-6)，而后按图7-7所示写入FS—1，成为1FS—1，如此，则构件运输作业开始时间由4月14日改为4月13日，完成时间由4月16日提前到4月15日(见图7-8)。

	❶	关键	任务名称	工期	前置任务	开始时间	完成时间
1	▦	是	基础工程	4 工作日		2007年4月10日	2007年4月13日
2		否	砌筑砖墙	2 工作日	1	2007年4月14日	2007年4月15日
3		是	构件运输	3 工作日	1	2007年4月14日	2007年4月16日
4		否	虚设作业	0 工作日	2	2007年4月15日	2007年4月15日
5		否	污水工程	2 工作日	2	2007年4月16日	2007年4月17日
6		是	安装工程	2 工作日	3,4	2007年4月17日	2007年4月18日
7		是	虚设作业	0 工作日	6	2007年4月18日	2007年4月18日
8		否	屋面工程	2 工作日	6	2007年4月19日	2007年4月20日
9		否	环境工程	3 工作日	5	2007年4月18日	2007年4月20日
10		是	水、暖、电工程	3 工作日	7	2007年4月19日	2007年4月21日
11		是	装饰工程	5 工作日	8,10	2007年4月22日	2007年4月26日

图 7-6

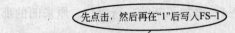

图 7-7

图 7-8

第二节 工期与成本的双重优化

在求出关键线路的工期基础上,考虑成本效益所计算出来的工期,称为工期与成本的双重优化。

当所计算出来的关键线路工期,不能满足施工任务在工期上的要求时,就得在关键线路上寻找某个或某些工序,令其缩短工期。因为,只有关键线路上的工序工期缩短,整个工期才能缩短。

现在,仍以图4-4为例来讨论在工期优化基础上的来优化成本的问题。

现在只讨论关键线路上的工序工期缩短问题,见图7-10。

做为一种解法,需要考虑正常工期和赶工工期。正常工期是指"在普通状态下进行作业所花费的时间";赶工工期是指"根据紧迫要求进行作业所需要的工期"。用正常工期进行作业,其成本称为正常成本;赶工工期的成本,称为赶工成本。

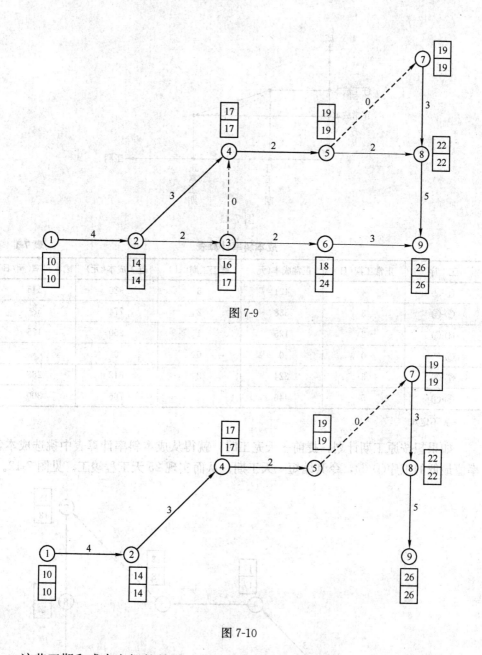

图 7-9

图 7-10

这些工期和成本之间的关系一般情况下，如图 7-11 虚线所示。但是，实际上都是用实线部分代替。

这时，由于缩短一天就要增加成本，把成本的增加程度叫做"成本斜率"。成本斜率是用下式表示并计算。

$$成本斜率 = \frac{赶工成本 - 正常成本}{正常工期 - 赶工工期}$$

以图 7-10 为例，要求工期往前赶。总工期要求缩短一天到两天。首先，考虑各工序，各缩短一天，每个工序的赶工成本各为多少？见成本斜率计算表。

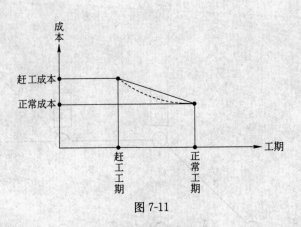

图 7-11

成本斜率计算表　　　　　　　　　　表 7-1

工　序	正常工期(日)	正常成本(元)	赶工工期(日)	赶工成本(元)	成本斜率(元/日)
①-②	4	421	3	986	545
②-④	3	388	2	774	386
④-⑤	2	125	1	250	125
⑤-⑦	0	0	0	0	*
⑦-⑧	3	324	2	612	288
⑧-⑨	5	446	4	766	300

*：不定式

　　如果想按原工期计划，提前一天完工时，就得从成本斜率计算表中挑选成本斜率值最低的工序④-⑤，令其缩短一天工期。从而实现 25 天工程竣工。见图 7-12。

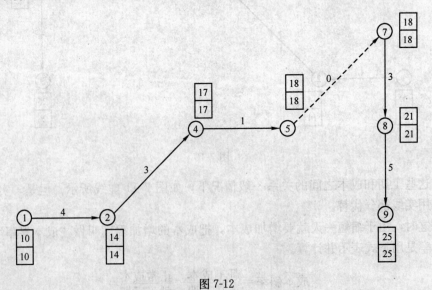

图 7-12

　　如果工期想再缩短一天，则选择工序⑦-⑧。见图 7-13。
　　但是，赶工后的竣工工期，该线路必须仍然是关键线路，否则，必须另行调整。

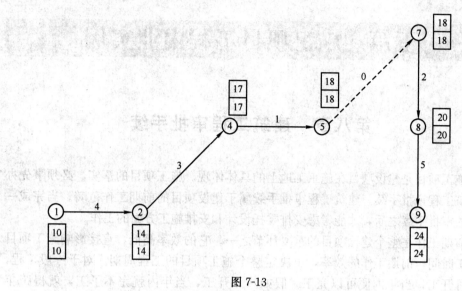

图 7-13

下篇　施工项目工程内业实例

第八章　建筑工程审批手续

施工项目是建设项目在施工工地上的具体体现。施工项目的落实，必须事先办完建筑工程审批手续。建筑工程审批手续属于建设项目的前期工作范畴。当完成一系列的审批手续之后，才能考虑安排委托设计和安排施工方面的工作。

前期工作是整个建设项目的重要环节之一。它的效率高低，直接影响施工项目的开工时间。前期工作的效率，也决定整个施工项目的工程周期。对于一般工程，若三月开工，当年内便可以完工。假如八月开工，当年内就完不了工，就得跨年度。尤其是寒冷地区，显得更突出。担负前期工作的人员所具备的素质，必须是敬业精神强，精通工业及民用建筑专业理论，且品学兼优，善于学习和掌握有关建筑行业的法律法规知识，如中华人民共和国建筑法、城市规划管理办法、建筑市场管理办法以及消防、卫生和人防等相关规定。

建设项目的前期工作大体分为四个阶段：

1. 选址意见书阶段；
2. 建设用地规划许可证阶段；
3. 建设工程规划许可证阶段；
4. 建设工程施工许可证阶段。

这些手续要全办完，估计需要数月左右的时间。同时，这也同建设单位和施工单位的自身工作效率有关。

为了便于新手办理前期工作，特以框图流程方式，说明于后。

总审批时限、重大项目审批时限、验收时限和立项选址阶段时限，为了方便申办人员，有的地方对此分别规定了办完手续的相应时间。

办理建筑工程审批手续，一般称为建筑工程项目的前期工作。过去，项目的前期工作手续繁多，办件时间特长。建设单位比较头疼。现在，很多城市政府部门，相继推出以服务为宗旨的一条龙审批模式，简化程序，规范内容，限定审批时间，建立建设项目联合审批窗口。下面以多层住宅建筑项目为例，阐述建设项目前期工作内容及建设项目审批的全过程。

项目审批流程图如下。

在某市建设项目申报审批流程图（图8-1）中，办理申报建设项目手续的人，必须明确办理手续分为四个阶段：

1. 办理选址意见书阶段；
2. 办理建设用地规划许可证阶段；

3. 办理建设工程规划许可证阶段;
4. 办理建设工程施工许可证阶段。

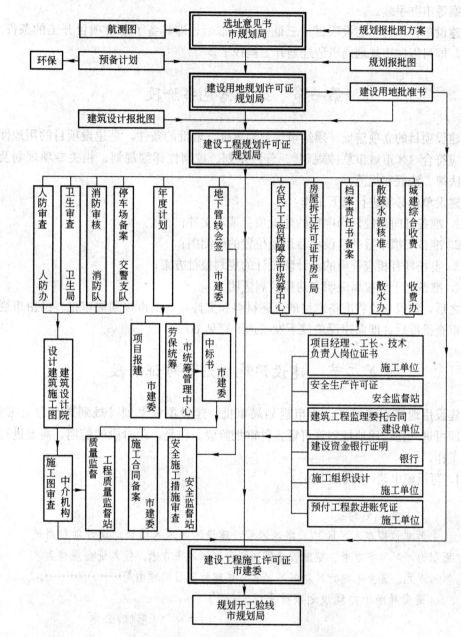

图 8-1 某市建设项目申报审批流程参考图

为了实现建设工程施工许可证阶段(最后阶段),此前必须完成下列三个步骤:
1. 首先,完成人防审查、卫生审查、消防审查、停车场备案、防雷审查、年度计划、地下管线、档案责任书备案、建设工程使用散装水泥核准和城建综合收费等申办手续;

2. 完成设计建筑施工图、项目报建、中标书和劳保统筹等申办手续；

3. 完成施工图审查合格书及审查报告书、质量监督、安全施工措施审查和施工备案等申办手续。

建设单位取得了建设项目"三证一书"以后，即具备了建设项目开工的条件。此时，即可以向市规划局申请规划开工验线了。

第一节 选址意见书阶段

建设项目的立项选址，须经市规划局审批。审批的条件，是建设项目的用地性质，应符合《×市城市总体规划》、分区规划、控制性详细规划、相关专项规划及相关法律、法规和规范。

建设单位必须进行以下工作：

1. 准备好向市规划局申报的建设项目请示文件；
2. 准备好拟申报的建设项目用地位置的航测图；
3. 委托具有相应资质的设计院设计的规划报批方案；
4. 准备好土地权属证明和房屋权属证明。

之后，建设单位将准备就绪的上述材料和文件，交由市规划局审批。经由市规划局审查批准后，即向建设单位下发《选址意见书》。

第二节 建设用地规划许可证阶段

建设用地规划许可证，由市规划局审批。建设单位拿到《规划选址意见书》后，即可进入建设用地规划许可证报件审批阶段。但是，此阶段的前期，需要进行下述工作。

1. 写报建申请(格式如下)：

> ××市规划局：
> 我单位拟在××区××路××号，建设××××项目。建设项目用地面积为×××平方米。拟建设建筑面积为×××平方米。投入资金规模为×××万元。资金来源为××××××。该建设项目的理由是……………。
> 请贵局给予办理规划审批手续。
> 　　　　　　　　　×××(单位)公章
> 　　　　　　　　　　　年　月　日

2. 向市发改委上报关于×××项目前期工作的请示文件，市发改委批复后，下达建设项目预备计划。

3. 建设单位向环保审批部门提交选址意见书和项目前期预备计划，出具建设项目环境影响登记表。

4. 委托具有资质的设计单位，设计规划报批图。负责设计规划报批图的单位，需要向市规划局出具规划设计承诺书。承诺书的格式，参见表 8-1。

××市规划设计承诺书

表 8-1

设计单位		设计资质	【规划】　　级【建筑】
建设单位			
项目名称			
建设地点		建设规模	
设 计 人		联系电话	
承 诺 内 容			

一、我单位保证所出具的设计文件中，所有成果、数据及指标均真实和准确，因设计及数据错误造成损失或产生纠纷，我单位将承担一切法律责任。

二、我单位保证所有设计文件符合国家消防、人防、卫生、交警、环保、安全等方面的法律、法规及各类设计规范和各层次规划要求。如出现因违反相关法律、法规及设计规范而造成的损失或产生纠纷，我单位将承担一切法律责任。

三、设计项目如涉及建筑物接层或靠接，我单位保证所出具的设计文件均考虑了相应的技术措施，因设计错误所造成的损失，我单位将承担一切法律责任。

法人代表：　　　　　　　　　　　　　　　承诺单位：
　（签字）　　　　　　　　　　　　　　　　（盖章）

以上材料准备就绪之后，建设单位可按市规划局审批《建设用地规划许可证》的要求，向市规划局报送审批材料。市规划局审查批准后，向建设单位下发批件：

1.《建设用地规划许可证》；

2. 规划定位通知书、规划用地范围图、拆迁范围图、规划总平面图和规划技术指标。

第三节　建设工程规划许可证阶段

《建设工程规划许可证》是由市规划局来审批。建设单位拿到《建设用地规划许可证》以后，需要准备好以下材料：

1. 向市国土资源局上报建设用地申请，同时按规定提供相关申报材料。如：建设单位法人证明和法人代表身份证明及法人代表授权委托书和被委托人身份证明；建设单位有关资质证明；资金证明；建设项目预备计划；建设用地预审报告；建设用地规划许可证、规划定位通知书、规划用地范围图、拆迁范围图、规划总平面布置图和规划技术指标；土地使用证及土地权属证明；地质灾害易发区的地质灾害危险性评估报告；补偿安置方案或有关协议；政府有关批写文件等。经市国土资源局初审,上报市政府批准后,由市国土资源局,向建设单位下发建设用地批准书、建设用地批复文件及批准的建设用地图。

2. 委托具有资质的设计单位,设计建筑报批图;建设单位须向市规划局出具建设工程报建承诺书。

建设工程报建承诺书的内容见表8-2。

建设工程规划报建承诺书

表8-2

建设单位			
项目名称			
建设地点		建设规模	
联系人		联系电话	
承诺内容			

一、我单位保证报建所提供的材料及协议均真实有效,如产生纠纷我单位将承担一切法律责任。

二、我单位承诺在办理规划审批手续后;及时到消防、人防、卫生、交警、环保、安全和安全生产等部门办理相关审批手续,如果,由于我单位报批不及时,产生的各种后果及相关部门修改图纸造成的一切损失自负。

三、我单位承诺按照××市建设项目"一口式"收费有关要求及时到相关部门交纳各种费用。

四、如项目涉及地上和地下城市基础设施的迁移,我单位保证按照相关专业部门要求承担移设责任。

五、建设项目如引发周边居民上访问题,我单位承诺负责做好上访群众工作。

六、我单位承诺按照规划部门批准的文件依法进行建设。

法人代表:　　　　　　　　　　　　　　承诺单位:
（签字）　　　　　　　　　　　　　　　（盖章）

注:此承诺书一式两份,审批部门及建设单位各持一份。

3. 向市规划局提供的建筑设计报批图,必须是与向各部门提供的签章循环图相同。

4. 建设单位向市规划局,出具建设规划设计承诺书。

以上工作完成后,建设单位即可按市规划局审批《建设工程规划许可证》的要求,向市规划局报送审批材料。市规划局审查批准后,向建设单位下发《建设工程规划许可证》、市规划局签章的报批图、关于"核准正式年度计划的函"和关于核收城市建设配套费的函件等。

第四节　建设工程施工许可证阶段

《建设工程施工许可证》,由市建委审批,在办理《建设工程施工许可证》阶段,可分成三个步骤进行。

一、建设单位可到以下审批窗口办理相关审批手续(第一步)

1. 人防办审批窗口——人防审查

建设单位须向人防部门提供：工程项目文件；市规划局审批签字的循环报批图；人防地下室设计图纸(建人防地下室项目)；填报的《建设项目报建审批表》；填报的《人防地下室计划审批表》；及其他有关资料。以上材料须经人防办审查合格后批准。

2. 卫生局审批窗口——卫生审查

建设单位须向卫生部门提供：填写的建设项目审查申请书；市规划局审批签字的循环图；总平面图，平、立、剖面图；卫生专篇；及其他需提供的资料。材料齐全且符合要求，卫生部门将予以核准、发证。

3. 消防支队审批窗口——消防审核

建设单位须向消防支队审批窗口提供建筑、水、电和消防图纸。

4. 交警支队审批窗口——停车场备案

建设单位须向交警支队审批窗口提供规划总平面图；市规划局审批签字的循环图；交警队专用审批表；户型分布表等；及其他相关资料。材料提供齐全且符合要求，交警队予以核准，反馈办理结果。

5. 市发改委审批窗口

建设单位须向市发改委审批窗口提交：关于×××住宅项目正式核准的请示；市发改委下发的项目前期工作通知；市规划局出具的"核准正式年度计划"的函件；环保部门出具的环保影响评价的审批意见；总投资35%的资金证明(房地产开发项目提供)。以上材料齐全且符合要求，市发改委向报建单位下达正式核准投资项目年度计划。

6. 地下管线会签

建设单位取得《建设工程规划许可证》后，到建委审批窗口领取《地下燃气、电力电缆、通信管线确认会签单》，附上市规划局审批签字的总平面图，分别到燃气、电力电缆(高、低压)、通信(移动、联通)等部门进行地下管线确认，各部门必须分别在会签单上签字盖章。

7. 市房产住宅局拆迁办窗口——办理房屋拆迁许可证

建设单位须向市房产住宅局房屋拆迁办窗口提交建设项目批准文件，建设用地规划许可证、规划图、拆迁范围图；建设用地批准图、批复及附图；拆迁规划和拆迁方案、被拆迁房屋评估资料；银行出具的拆迁补偿安置资金证明。房屋拆迁部门对建设单位报送材料进行审查，符合条件时，颁发建设用地房屋拆迁许可证。

8. 市建委散装水泥办公室窗口——使用散装水泥核准

散装水泥办按建设单位提交的《建设工程规划许可证》和建设工程结构表，校准使用散装水泥数量，建设单位以其计算数量，按每吨规定价格缴纳散装水泥专项资金。

9. 市建委综合收费窗口

① 建设单位依据市规划局出具的城建配套费、墙改基金缴费通知单。

② 依据人防办出具的人防易地建设费缴费通知单。

③ 依据散装水泥办公室对建设单位使用散装水泥核准数量，按照有关缴费标准，缴纳散装水泥专项资金。

④ 按规定缴纳建筑工程质量监督费。
⑤ 按规定缴纳建筑工程质量安全督察费。
⑥ 按规定缴纳建筑工程质量定额测定费。

10. 城建档案馆窗口——档案责任书备案

建设单位领取建设工程施工许可证之前，必须与城建档案馆签订建设工程竣工档案备案责任书。

11. 市统筹管理中心窗口——农民工工资保障金

建设单位领取建设工程施工许可证之前，必须先到市劳动局统筹中心按规定办理农民工工资保障金手续。

二、建设单位可以办理的前期手续（第二步）

1. 市统筹管理中心窗口，缴纳建筑行业社会保险基金。
2. 市建委窗口办理建设工程报建。
3. 市招投标办公室办理建设工程中标书。
4. 委托有资质的设计单位作施工图设计。
5. 中介审图机构审查施工图，出具施工图审查合格书及审查报告书。

三、后续工作（第三步）

1. 施工单位提供项目经理、工长、技术负责人岗位证书；安全生产许可证；施工组织设计；预付工程款进账凭证。
2. 建设单位提供建设工程监理委托合同；建设资金银行证明。
3. 市建委办理施工合同备案。
4. 市工程质量监督站——办理单位工程质量监督登记及工程质量监督书。
5. 市安全监督站——办理安全施工措施审查。
6. 市建委——办理《建设工程施工许可证》。

建设单位应向建委提交审批部门提交审批《××××》所需的相关材料。

① 建设用地批准书。
② 建设工程规划许可证。
③ 施工图审查合格书及审查报告书。
④ 安全生产许可证。
⑤ 施工中标备案通知书。
⑥ 建设施工合同。
⑦ 建设工程监理委托合同。
⑧ 项目经理、工长、技术负责人岗位证书。
⑨ 安全技术措施备案登记表。
⑩ 单位工程质量监督登记表及工程质量监督书。
⑪ 其他有关文件。

材料准备齐全后，建委审批部门审查合格后，向建设单位发放《建设工程施工许可证》。拿到此证后，前期工作基本完成任务。

表 8-3 是用 Project 编制的前期工作计划进度表。

前期工作计划进度表　　　　　　　　　　表 8-3

	任务名称	工期	开始时间	完成时间	前置任务
1	规划报批方案	2 工作日	2007年1月11日	2007年1月12日	
2	航测图	2 工作日	2007年1月11日	2007年1月12日	
3	选址意见书(市规划局)	2 工作日	2007年1月15日	2007年1月16日	1, 2
4	预备计划	2 工作日	2007年1月11日	2007年1月12日	
5	规划报批图	2 工作日	2007年1月11日	2007年1月12日	
6	环保	2 工作日	2007年1月15日	2007年1月16日	4
7	建设用地规划许可证(市规划局)	2 工作日	2007年1月17日	2007年1月18日	3, 4, 5
8	建设用地批准书	2 工作日	2007年1月19日	2007年1月22日	7
9	建筑设计报批图	2 工作日	2007年1月11日	2007年1月12日	
10	建设工程规划许可证(市规划局)	2 工作日	2007年1月23日	2007年1月24日	7, 8, 9
11	城建综合收费(收费办)	2 工作日	2007年1月25日	2007年1月26日	10
12	散装水泥核准(散水办)	2 工作日	2007年1月25日	2007年1月26日	10
13	档案责任书备案	2 工作日	2007年1月25日	2007年1月26日	10
14	房屋拆迁许可证(市房产局)	2 工作日	2007年1月25日	2007年1月26日	10
15	农民工工资保障金(市统筹中心)	2 工作日	2007年1月25日	2007年1月26日	10
16	节点 A	2 工作日	2007年1月29日	2007年1月30日	11, 12, 13, 14, 15
17	地下管线会签(市建委)	2 工作日	2007年1月25日	2007年1月26日	10
18	年度计划	2 工作日	2007年1月25日	2007年1月26日	10
19	停车场备案(交警支队)	2 工作日	2007年1月25日	2007年1月26日	10
20	消防审核(消防队)	2 工作日	2007年1月25日	2007年1月26日	10
21	卫生审查(卫生局)	2 工作日	2007年1月25日	2007年1月26日	10
22	人防审查(人防办)	2 工作日	2007年1月25日	2007年1月26日	10
23	节点 B	2 工作日	2007年1月29日	2007年1月30日	19, 20, 21, 22
24	项目经理工长技术负责人岗位证书(施工)	2 工作日	2007年1月11日	2007年1月12日	
25	安全生产许可证(安全监督站)	2 工作日	2007年1月11日	2007年1月12日	
26	建筑工程监理委托合同(建设单位)	2 工作日	2007年1月11日	2007年1月12日	

续表

	任务名称	工期	开始时间	完成时间	前置任务
27	建设资金银行证明(银行)	2工作日	2007年1月11日	2007年1月12日	
28	施工组织设计(施工)	2工作日	2007年1月11日	2007年1月12日	
29	预付工程款进账凭证(施工)	2工作日	2007年1月11日	2007年1月12日	
30	节点C	2工作日	2007年1月15日	2007年1月16日	24,25,26,27,28,29
31	设计建筑施工图(建筑设计院)	2工作日	2007年1月31日	2007年1月1日	23
32	施工图审查(中介机构)	2工作日	2007年2月2日	2007年2月5日	31
33	项目报建(市建委)	2工作日	2007年1月29日	2007年1月30日	18
34	劳保统筹(市统筹中心)	2工作日	2007年1月29日	2007年1月30日	18
35	中标书(市建委)	2工作日	2007年1月31日	2007年2月1日	34
36	质量监督(工程质量监督站)	2工作日	2007年2月2日	2007年2月5日	35
37	施工合同备案(市建委)	2工作日	2007年2月2日	2007年2月5日	35
38	安全施工措施审查(安全监督站)	2工作日	2007年2月2日	2007年2月5日	17,35
39	节点D	2工作日	2007年2月6日	2007年2月7日	32,36,37,38
40	建设工程施工许可证(市建委)	2工作日	2007年2月8日	2007年2月9日	8,10,16,30,39
41	规划开工验线(市规划局)	2工作日	2007年2月12日	2007年2月13日	40

注:"工期"列中"2工作"的"2",应按实际天数填写。"开始时间"和"完成时间",计算机会自动更正。

第九章 单位工程施工程序

本章——单位工程施工程序,是从施工的角度,把土建单位工程的施工程序,用框图的形式,形象化地加以描述。描述施工流程与内业管理之间的对应关系。特别要指出的,即施工流程到了哪个阶段,在检查验收的同时,必须填写相应的表格。关于土建单位工程的施工内容及其标准,将在第十章中剖析叙述。

第一节 建设项目与工程层次

一、建设项目

一个建设项目,通常需要进行拟定项目、可行性研究、确立项目、编制设计任务书、选择和确定建设地址、招标(编制标书、标的)和编制设计文件(初步设计、技术设计、施工图设计、概算及其后的施工图预算)。

二、建设项目的工程层次

一个建设项目,可以包含一个乃至若干个单项工程。什么是单项工程呢?能够独立获取经效益或社会效益的建设工程,称为单项工程。

一个单项工程,可以包含一个乃至若干个单位工程。什么是单位工程呢?只能够独立核算建设工程成本的工程,称为单位工程。

土建、水暖、燃气、电气、电话网络、有线电视和电梯等专业工种,均单独各列为一个单位工程。

一个单位工程中的各专业(各专业的承包者与其从业人员,均须持有相应的证件)工种,分别各自包含一定数量的分部工程。

每个分部工程,包含一个乃至若干个分项工程。每个分项工程,又包括若干个工序。

从预算定额的角度来说,预算定额本子中的每一章,就是一个分部工程。

但是,在单位工程的质量验收程序里,是另外单独划分分部工程的。即:

1. 建筑地基基础工程;
2. 地下防水工程;
3. 混凝土结构工程;
4. 砌体工程;
5. 钢结构工程;
6. 木结构工程;
7. 建筑地面工程;
8. 屋面工程;
9. 建筑装饰装修工程。

工程层次图,参看图9-1。

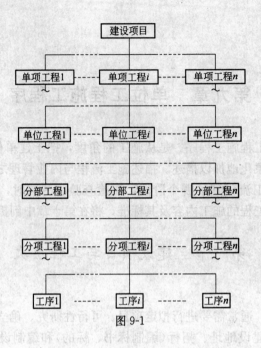

图 9-1

第二节 开工前准备工作

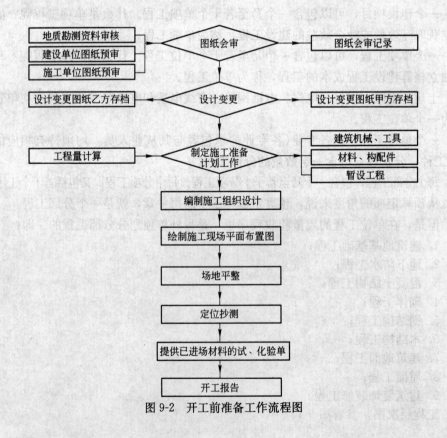

图 9-2 开工前准备工作流程图

开工前准备工作(不包括建筑工程审批手续)，也是在开工前，被编制成工程(施工)进度计划表的。在这里，可以按照图 9-2 的流程，应用 Project 软件编制第一阶段开工前准备工作流程图。

		任务名称	工期	开始时间	完成时间	前置任务
1		地质勘测资料审核	1 工作日	2006年6月26日	2006年6月26日	
2		建设单位图纸预审	1 工作日	2006年6月26日	2006年6月26日	
3		施工单位图纸预审	1 工作日	2006年6月26日	2006年6月26日	
4		图纸会审	7 工作日	2006年6月27日	2006年7月5日	1,2,3
5		设计变更	1 工作日	2006年7月6日	2006年7月6日	4
6		设计变更甲方存档	1 工作日	2006年7月7日	2006年7月7日	5
7		设计变更乙方存档	1 工作日	2006年7月7日	2006年7月7日	5
8		工程量计算	2 工作日	2006年7月7日	2006年7月10日	5
9		制定施工准备工作计划	10 工作日	2006年7月11日	2006年7月24日	8
10		建筑机械、工具	2 工作日	2006年7月25日	2006年7月26日	9
11		材料、构配件	1 工作日	2006年7月25日	2006年7月25日	9
12		暂设工程	1 工作日	2006年7月25日	2006年7月25日	9
13		编制施工组织设计	15 工作日	2006年7月25日	2006年8月14日	9
14		绘制施工现场平面布置图	3 工作日	2006年8月15日	2006年8月17日	13
15		场地平整	4 工作日	2006年8月18日	2006年8月23日	14
16		定位抄测	3 工作日	2006年8月24日	2006年8月28日	15
17		提供已进场的材料试、化验单	7 工作日	2006年8月29日	2006年9月6日	16
18		开工报告	4 工作日	2006年9月7日	2006年9月12日	17

图 9-3

第三节 基础工程

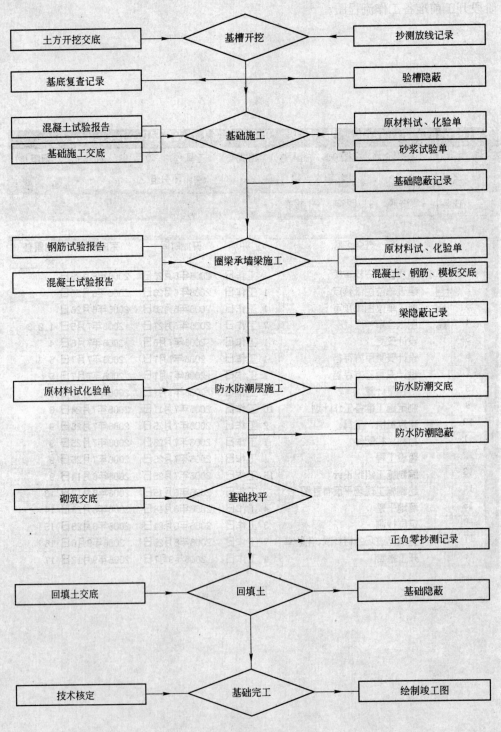

图 9-4 基础工程流程图

	任务名称	工期	开始时间	完成时间	前置任务
1	抄测放线记录	3 工作日	2006年6月26日	2006年6月28日	
2	土方开挖交底	1 工作日	2006年6月29日	2006年6月29日	1
3	基槽开挖	6 工作日	2006年6月30日	2006年7月7日	2
4	验槽隐蔽	1 工作日	2006年7月10日	2006年7月10日	3
5	基底复查记录	2 工作日	2006年7月11日	2006年7月12日	4
6	基础原材料试化验单	1 工作日	2006年6月30日	2006年6月30日	2
7	混凝土试验报告	1 工作日	2006年6月30日	2006年6月30日	2
8	砂浆试验单	1 工作日	2006年6月30日	2006年6月30日	2
9	基础施工	8 工作日	2006年7月3日	2006年7月12日	6,7,8
10	基础隐蔽记录	2 工作日	2006年7月13日	2006年7月14日	9
11	圈梁或承墙梁的原材料试、化验单	1 工作日	2006年7月13日	2006年7月13日	9
12	圈梁或承墙梁的钢筋试验报告	1 工作日	2006年7月13日	2006年7月13日	9
13	圈梁或承墙梁的混凝土试验报告	1 工作日	2006年7月13日	2006年7月13日	9
14	混凝土、钢筋、模板技术交底	1 工作日	2006年7月14日	2006年7月14日	13
15	圈梁或承墙梁的施工	3 工作日	2006年7月17日	2006年7月19日	14
16	圈梁或承墙梁的隐蔽记录	1 工作日	2006年7月20日	2006年7月20日	15
17	防水潮、防潮层原材料试化验单	1 工作日	2006年7月13日	2006年7月13日	9
18	防水潮、防潮层技术交底	1 工作日	2006年7月21日	2006年7月21日	16
19	防水潮、防潮层施工	2 工作日	2006年7月24日	2006年7月25日	18
20	基础隐蔽	1 工作日	2006年7月26日	2006年7月26日	19
21	基础砌筑技术交底	1 工作日	2006年7月27日	2006年7月27日	20
22	基础砌筑找平	2 工作日	2006年7月28日	2006年7月31日	21
23	正负零抄测记录	2 工作日	2006年8月1日	2006年8月2日	22
24	回填土技术交底	1 工作日	2006年8月3日	2006年8月3日	23
25	回填土施工	2 工作日	2006年8月4日	2006年8月7日	24
26	基础完工技术核定	1 工作日	2006年8月8日	2006年8月8日	25
27	绘制基础施工竣工图	3 工作日	2006年8月9日	2006年8月11日	26

图 9-5

第四节 主体工程

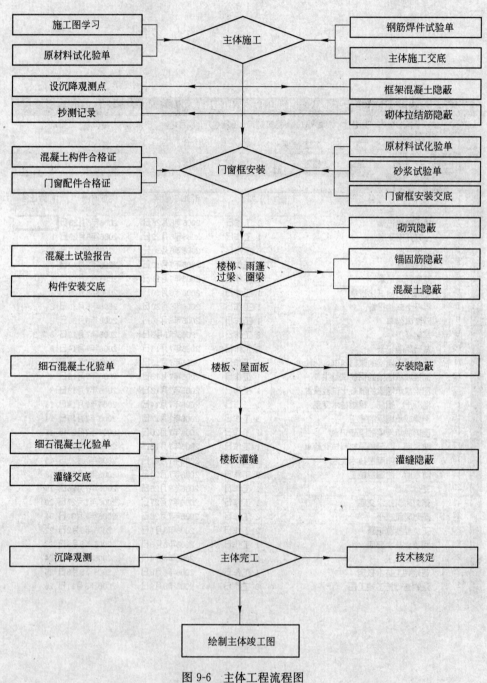

图 9-6 主体工程流程图

序号	❶	任务名称	工期	开始时间	完成时间	前置任务
1		阅读施工图	4 工作日	2006年6月26日	2006年6月29日	
2		主体施工原材料试、化验单	1 工作日	2006年6月30日	2006年6月30日	1
3		钢筋焊接试验单	1 工作日	2006年6月30日	2006年6月30日	1
4		抄测记录	1 工作日	2006年6月30日	2006年6月30日	1
5		主体施工技术交底	1 工作日	2006年6月30日	2006年6月30日	1
6		框架混凝土隐蔽	1 工作日	2006年6月30日	2006年6月30日	1
7		主体施工（框架混凝土与主体砌筑）	40 工作日	2006年7月3日	2006年8月25日	2,3,4,5,6
8		设沉降观测点	2 工作日	2006年8月28日	2006年8月29日	7
9		砌体拉结隐蔽	1 工作日	2006年8月28日	2006年8月28日	7
10		门窗框安装原材料试、化验单	1 工作日	2006年8月30日	2006年8月30日	8
11		门窗框安装砂浆试验单	1 工作日	2006年8月30日	2006年8月30日	8
12		混凝土构件合格证	1 工作日	2006年8月30日	2006年8月30日	8
13		门窗构件合格证	1 工作日	2006年8月30日	2006年8月30日	8
14		门窗框安装技术交底	1 工作日	2006年8月31日	2006年8月31日	10,11,12,13
15		门窗框安装	7 工作日	2006年9月1日	2006年9月11日	14
16		砌筑隐蔽	2 工作日	2006年9月12日	2006年9月13日	15
17		捣、预制构件混凝土试验单	1 工作日	2006年9月14日	2006年9月14日	16
18		构件安装技术交底	1 工作日	2006年9月15日	2006年9月15日	17
19		楼梯、雨蓬、圈梁、过梁捣制或安装	7 工作日	2006年9月18日	2006年9月26日	18
20		锚固筋隐蔽	2 工作日	2006年9月27日	2006年9月28日	19
21		混凝土隐蔽	1 工作日	2006年9月29日	2006年9月29日	20
22		楼板、屋面板用细石混凝土化验单	1 工作日	2006年10月2日	2006年10月2日	21
23		楼板、屋面板安装技术交底	1 工作日	2006年10月3日	2006年10月3日	22
24		楼板、屋面板安装	5 工作日	2006年10月4日	2006年10月10日	23
25		安装隐蔽	1 工作日	2006年10月11日	2006年10月11日	24
26		楼板、屋面板灌缝细石混凝土化验单	1 工作日	2006年10月12日	2006年10月12日	25
27		楼板、屋面板灌缝	4 工作日	2006年10月13日	2006年10月18日	26
28		灌缝隐蔽	1 工作日	2006年10月19日	2006年10月19日	27
29		主体完工沉降观测	1 工作日	2006年10月20日	2006年10月20日	28
30		技术核定	2 工作日	2006年10月23日	2006年10月24日	29
31		绘制主体竣工图	7 工作日	2006年10月25日	2006年11月2日	30

图 9-7

第五节 装修工程

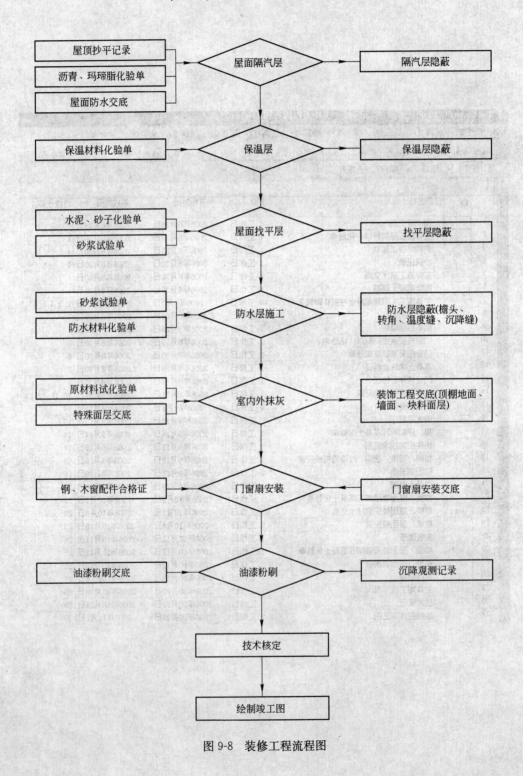

图 9-8 装修工程流程图

	❶	任务名称	工期	开始时间	完成时间	前置任务
1		屋面用沥青、玛琦脂化验单	1 工作日	2006年6月26日	2006年6月26日	
2		屋面防水技术交底	1 工作日	2006年6月27日	2006年6月27日	1
3		屋顶抄平记录	1 工作日	2006年6月28日	2006年6月28日	2
4		屋面隔汽层施工	4 工作日	2006年6月29日	2006年7月4日	3
5		隔气层隐蔽	1 工作日	2006年7月5日	2006年7月5日	4
6		保温材料化验单	1 工作日	2006年7月6日	2006年7月6日	5
7		保温层施工	2 工作日	2006年7月7日	2006年7月10日	6
8		保温层隐蔽	1 工作日	2006年7月11日	2006年7月11日	7
9		水泥砂子化验单	1 工作日	2006年7月12日	2006年7月12日	8
10		砂浆试验单	1 工作日	2006年7月13日	2006年7月13日	9
11		屋面找平层施工	2 工作日	2006年7月14日	2006年7月17日	10
12		找平层隐蔽	1 工作日	2006年7月18日	2006年7月18日	11
13		防水层砂浆试验报告单	1 工作日	2006年7月19日	2006年7月19日	12
14		防水材料化验单	1 工作日	2006年7月20日	2006年7月20日	13
15		防水层施工	2 工作日	2006年7月21日	2006年7月24日	14
16		防水层隐蔽（檐头、转角、温度缝、沉降缝）	1 工作日	2006年7月25日	2006年7月25日	15
17		室内外抹灰原材料试化验单	1 工作日	2006年7月26日	2006年7月26日	16
18		特殊面层技术交底	1 工作日	2006年7月27日	2006年7月27日	17
19		室内外抹灰施工	5 工作日	2006年7月28日	2006年8月3日	18
20		装饰工程交底（顶棚、地面、墙面、块料面层）	1 工作日	2006年8月4日	2006年8月4日	19
21		钢、木构件合格证	1 工作日	2006年8月7日	2006年8月7日	20
22		门窗扇安装技术交底	1 工作日	2006年8月8日	2006年8月8日	21
23		门窗扇安装施工	5 工作日	2006年8月9日	2006年8月15日	22
24		油漆粉刷技术交底	1 工作日	2006年8月16日	2006年8月16日	23
25		沉降观测记录	1 工作日	2006年8月17日	2006年8月17日	24
26		技术核定	1 工作日	2006年8月18日	2006年8月18日	25
27		绘制装修工程竣工图	5 工作日	2006年8月21日	2006年8月25日	26

图 9-9

第六节　建立工程竣工档案

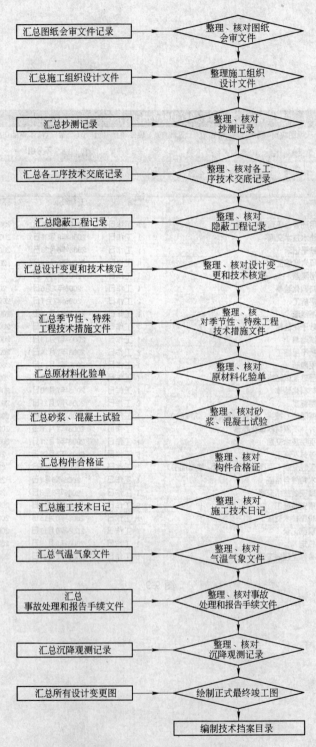

图 9-10　建立工程竣工档案流程图

图 9-11

第十章 单位工程施工内容及其要求

本章——单位工程施工内容及其要求是从文字的角度，对第九章单位工程施工进行具体说明。

第一节 图纸会审

建筑工程设计图纸，必须符合国家颁发的法规、规范和标准要求，以及国家房屋建设开发政策。图纸会审时，必须严格把握设计的合理性——结构的安全性（通过结构物的尺寸和材料规格，估算结构的承载能力）、建筑功能的适用性和经济性。恰当地选用材料及其规格，和可行的科学技术措施。仔细阅读地质勘测资料，与审查建筑物基础结构设计图纸。同时核对地下基础结构与管线设施的配合协调；建筑施工图、结构施工图、设备施工图之间配合一致。确认图纸是合法和正式签署的工程施工图纸。校核规划局下达的建筑红线。审查非传统性的技术、工艺和材料的施工可行性。图纸会审形成会审纪要，由建设单位、施工单位、监理单位和设计单位，同时签字形成文件，指导工程施工。图纸会审必须在开工前进行完毕。

审查的依据有：《中华人民共和国建筑法》；《混凝土结构设计规范》；《建筑抗震设计规范》；《建筑设计防火规范》；《建筑结构荷载规范》；《砌体结构设计规范》；《钢结构设计规范》；相关施工规范；相关设计标准。

图纸会审记录采用表格为建施3-1、建施8-1、建施8-2（表格见附录，以下同）。

第二节 施工组织设计

施工组织设计是施工项目内业中的核心内容。编制施工组织设计时，在一般情况下，包括九个方面的内容：工程概况；施工方案；施工技术措施；施工进度计划；资源需用量计划；施工现场平面布置图；施工准备工作计划；技术经济指标；施工组织设计中的相关要求。下面将逐个说明它们所包含的内容。

一、工程概况

1. 工程名称。
2. 层数。
3. 平面图布置：平面图形轮廓；总长若干米；总宽若干米。
4. 总建筑面积：若干平方米。
5. 建筑底部占地面积：若干平方米。

6. 建筑高度：建筑物主体高度为若干米；裙房高度为若干米。

7. 结构选型：后面之中的一种或数种——框架；剪力墙；框剪；筒中筒；砖混；钢结构；钢混；或……。

8. 建筑抗震要求：结构按几度设防；结构按几级抗震设计。

9. 建筑防火要求：建筑防火类别为几类；建筑耐火等级为几级。

10. 设计场地特征：位置、地形、地质状况、冻土层厚度和地下水位深度。

11. 施工条件：水、电、道路运输条件、材料、构件及半成品供应条件等。

12. 施工周期：开工日期为何年何月何日；竣工日期为何年何月何日。

采用表格：建施1-1、建施2-4。

二、施工方案、施工方法与技术措施

根据工序、分部分项工程和单位工程的特点（按时间、施工条件、人力资源、机具资源和工作面等），按现代科学管理方法，对时间和资源进行优化，拟定出最优施工方案（包括立体交叉平行流水作业）。

单位工程之间的立体交叉平行流水作业，是指土建、水暖、电照、通信和网络等管线间的施工关系安排。主要在时间和资源上安排得当。

分部分项工程的平行流水作业施工方法，指的是土方工程、基础工程、砌筑工程、混凝土与钢筋混凝土工程、吊装工程、屋面工程和装修工程。

选定最优施工方案原则，必须是"优化方案"达到技术先进、经济合理和施工简便，以及必须符合设计与施工技术规范的要求。确定现场现浇构件与工厂预制构件的种类和数量。在施工方法中科学地采纳新技术、新工艺和新材料。

在土方工程、基础工程、砌筑工程、混凝土与钢筋混凝土工程、吊装工程、屋面工程、装修工程等分部工程和水暖工程、电照工程、通信和网络等单位工程，保证工程质量技术措施。

另外，还须制定保证安全防火技术措施、降低成本技术措施、资源节约数值、各分部分项工程质量指标和冬雨季施工技术措施以及施工安全措施。

施工方案、施工方法与技术措施采用表格：建施2-1、建施2-2、建施2-3、建施2-6。

三、施工进度计划

按分项工程，分别编制施工进度计划。内容包括主要分项工程实物量、劳动定额、需要的劳动工日及劳动力曲线图以及土建、水暖、电照施工总进度计划。

利用微软Project编制安排工程进度。

如果不利用微软Project编制安排工程进度，便采用表格：建施2-16。

四、资源需用量计划

编制主要资源需用量计划，其中内容包括：成品与半成品加工计划（木构件、混凝土构件、钢结构等）、大型机械及机具计划、劳动力计划和大型构件运输计划。

材料需用量计划和各种预制构件计划准确率按当前要求确定。

以上各种计划的需用量，写明数量、规格、尺寸和分批进场时间。

采用表格：建施2-8、建施2-9、建施2-10、建施2-11、建施2-12。

五、施工现场平面布置图

施工现场平面布置图，按基础、主体和装修三个阶段，先后分别绘制施工平面布置图。绘制的内容，要求有：指北针；比例；尺寸；施工主体建筑物；周围建筑物；永久性道路及现场临时性道路；暂设工程（办公室、工人休息室、收发室、机具材料库、搅拌机棚、钢筋木工作业棚、锅炉房、卷扬机棚、厕所位置等）；水、电线路图；构、配件和材料的堆放场地（毛石、砂子、红砖、河流石、白灰膏、沥青、混凝土构件、门窗构件、钢木桁架）；吊装机械（龙门吊、井字吊、塔吊、履带吊）；小型机具（运灰车、运砖车、杠杆车、脚手架木等）；围墙；排水沟及现场排水流向示意。

平面图布置要求合理，施工现场平面布置图，要按"三阶段"及时进行更替。交通道路、水电设施应符合防火规定。材料和构件应最大限度地减少二次运输。

采用表格：建施 02-14。

六、施工准备工作计划

施工准备工作计划包含技术准备、现场准备和其他准备三项工作内容。

技术准备是指熟悉和会审图纸、编制和审定施工组织设计、编制施工图预算、各种成品和半成品技术资料的准备和计划申请，以及新技术项目的试验和试制。

现场准备是指定位，测量放线，拆除障碍物，场地平整，临时道路和临时供水、供电、供热管线的敷设，有关生产生活临时设施的搭设和水平及垂直运输设备的搭设。

其他准备是指调整劳动组织、调整计划、技术交底、组织机具进场、组织材料进场、组织构配件进场以及与协作单位沟通信息。

采用表格：建施 2-5、建施 2-7、建施 2-13。

七、技术经济指标体系

技术经济指标体系中，包括工期指标、劳动生产率指标、质量指标（土建实测检查点合格率在 90% 以上，工程质量总分不能低于 85 分）、安全指标（单位工程事故频率小于 0.3%）、降低成本率指标、机械化程度指标（机械利用率达到 70% 以上）、三大材料节约指标（按定额耗损节约钢材 3%，木材 5%，水泥 3%）、工期指标（国家工期定额×1.3 系数＞实际工期；合同工期＋5 天＞实际工期）、劳动生产率指标（工业建筑每平方米用工＜7.5 工日；民用建筑每平方米用工＜4.5 工日）、

采用表格：建施 2-15。

八、施工组织设计中的相关要求

施工组织设计必须在开工前编制，并且审批完毕。审批手续齐全，还要有各级职能部门的签章。已审批的施工组织设计，在工程项目管理上被认定是重要施工技术文献，在施工中必须认真组织实施。在施工中，如遇到施工组织设计的规定有变动时，必须具有主管工程师批准的变更手续方能生效。

第三节　定位抄测放线

一、民用建筑定位抄测放线

民用建筑必须进行定位抄测放线记录、土方开挖抄测记录、基础施工抄测记

录(基础顶部或基础圈梁顶部)和各层平口抄测记录(砖平口或混凝土板安装完毕)。

采用表格：建施4-1。

二、工业建筑定位抄测放线

工业建筑必须进行定位抄测放线记录、土方开挖抄测记录、杯口底标高抄测记录、牛腿标高记录、柱顶标高记录和地面标高抄测记录。

采用表格：建施4-2。

三、管道工程定位抄测放线

上水地下埋设部分坡度和下水地下埋设部分坡度必须进行抄测记录。

四、工业与民用建筑工程抄测允许偏差

五、民用建筑、工业建筑和管道工程的抄测允许偏差及其基本内容要求

抄测的基本内容有建筑物纵横坐标方位图、建筑红线(主轴线)、相邻建筑物、建筑物长宽及轴线尺寸和批准水准基点或设计指定的水准点位置和标高。

放线记录必须有工长、技术员签章。复测记录必须有建设单位驻工地代表、质量监督人员、工长、技术负责人签章。在定位抄测放线记录中必须有闭合差检查记录，闭合差不得大于允许偏差。构筑物如沉箱、烟囱、水塔等，在施工中必须随时抄测并记录。

放线尺寸的允许偏差：

表10-1

长度L宽度B的尺寸(m)	允许偏差(mm)
$L(B) \leq 30$	±5
$30 < L(B) \leq 60$	±10
$60 < L(B) \leq 90$	±15
$L(B) > 90$	±20

基槽抄平时，标高点的测量允许偏差为+10mm。

标准桩埋设时，新建工程附近无永久性建筑物，应设置永久性标桩，标桩埋置深度要超过冻结线以下50cm，标高顶部高于设计地面30cm。

基础中心线及标高测量允许偏差(mm)：

表10-2

项　　目	基础定位	螺　栓
中心线端点测设	±5	±1
中心线设点	±10	±2
标高测设	±10	±3

基础竣工标高测量允许偏差：

表 10-3

杯口底标高	设备基础顶面标高	地脚螺栓或工业炉标高
±3	±3	±3

采用表格：建施 4-2、建施 8-3。

第四节 技 术 交 底

对于土建单位工程中的诸多分部分项工程，如土方开挖、基础、砌砖、混凝土、钢筋、模板、门窗安装、吊装、地面抹灰、墙面装饰、油漆粉刷、屋面防水和水暖单位工程、电气单位工程和其他特殊工程的技术交底的内容要求与标准，叙述如下。

在施工组织设计中，涉及到的诸多分部分项工程，均应在技术方面进行交底：施工工艺及回填土交底分层夯实，每层不大于 30cm，不允许用冻土回填；要求创全优质量标准；采取严格的技术安全措施；混凝土灌缝之前要清扫干净，用 C20 细石混凝土灌满捣实；新结构、新材料、新技术和新施工方法，技术交底尤其重要。

讲明白图纸会审中提出的有关问题和解决办法。交底人和被交底班组签章。交底日期要在每道工序施工之前进行。

基础、主体、屋面工程应分项交底，其他分项工程，可一次性交底。

交底内容时，应交底设计图纸和施工要求。

交底有关技术措施和注意事项、操作规程和操作方法、有关材料品种和规格、各种砂浆、混凝土配合比、使用部位、玛琦脂配合比熬制和使用温度、质量要求等。

通过交底使操作人员明确各项要求和质量要求的准标，达到心中有数。

采用表格：建施 5-1。

第五节 隐 蔽 工 程

一、隐蔽工程中的地基验槽

对照提供的地质水文资料进行验槽，要有设计、施工、建设单位共同参加，并在验检记录上签字盖章。检验地槽底标高以及各部分长宽尺寸、基底土壤，持力层情况、障碍物处理情况（位置标高，几何形状，处理方案）、符合设计对土质的要求、满足基础施工对槽宽槽深的要求。

采用表格：建施 1-4、建施 6-1、建施 6-3、建施 6-4。

二、桩基础的隐蔽工程

检验桩位的平面图及其编号，孔径、孔底标高及捣实情况，混凝土强度等级以及配合比，混凝土试块的制作及编号，钢筋规格、数量、间距及标高，灌注桩浇注日期，预制桩的出厂合格证及型号，承重梁混凝土强度满足设计要求和桩制作的允许偏差和预制桩及钻孔灌注桩平面位置允许偏差。

检验支撑桩的控制入土深度以贯入度为主,以设计标高为参考,摩擦桩和半摩擦桩的控制入土深度,以贯入度作参考。贯入度的检验一般以桩最后 10 锤为准,桩的平均贯入度等于或小于设计规定。

采用表格:建施 6-2。

桩制作的允许偏差　　　　　　　　　　　　　　　表 10-4

偏差名称	允许偏差(mm)
①实心桩横截面边长	±5
②实心桩桩顶对角线	±10
③实心桩保护层厚度	±5
④桩靴对桩中心线位移	±10
⑤实心桩桩身弯曲点高	0.1%

预制桩、钻孔灌注桩平面位置允许偏差　　　　　表 10-5

桩　类	桩的情况	允许偏差
	上面盖有帽的桩	
	①垂直帽梁的轴线	100mm
	②沿帽梁的轴线	150mm
	③最外边的桩	1/2 桩的直径或边长
	④中间的桩	1 个桩的直径或边长
灌注桩	钻孔灌注桩	100mm
	预制桩灌注桩	单桩为 70,多桩为 1/2 桩径

三、钢筋混凝土与砌石基础的隐蔽工程

在钢筋混凝土与砌石基础的施工中,检验绘制平面图并注明轴线尺寸,绘制基础剖面图并注明各部分尺寸和基底标高(包括预留孔的位置)、材质情况、混凝土及砂浆强度等级及配合比,混凝土砂浆试块编号并注明强度试验结果,钢筋水泥品种及其强度等级(和编号),钢筋混凝土基础。

五项技术资料按一个栋号对待。

砂浆试块按每组 6 块的算术平均值计算,在砂浆配制时,按设计强度等级提高 15%。试块的龄期在 28~60 天内有效。

采用表格:建施 6-2。

四、砌筑工程的隐蔽工程

在砌筑工程的施工中,检验预埋钢筋位置、根数、规格、长度、形状,钢筋混凝土圈梁的标高、规格、强度等级、配合比;检验温度缝及沉降缝的位置、宽度、填充材料、温度缝、沉降缝的位置、宽度、填充材料和预留孔洞位置;必须具备原材料试化验单(并统一编号)和砂浆混凝土试块强度报告单。

砂浆试块必须按每组 6 块的算术平均值计算;在砂浆配制时必须按设计强度等

级提高15%；试块的养护龄期为28～60天，相对湿度90%以上。

必须备有各个时期的施工记录。轴线位移的允许偏差为10mm；基础顶面和楼面标高允许偏差为±15mm。

采用表格：建施6-2。

五、现浇混凝土的隐蔽工程

分别按单元按层编号，检验混凝土强度等级和配合比（包括圈梁、梁板、柱、楼梯等）、钢筋水泥品种强度等级和化验单编号、混凝土试块编号并注明强度结果和混凝土断面尺寸。

如果验检结果与施工图全部一致，没有改变，可不必重新绘图。但是，应加以说明。如果施工与施工图有出入之处，则将不同之处绘图说明。准确记录预埋件的位置（预留孔洞），钢筋接头位置（焊接钢筋接头要有试验报告）、搭接长度、焊条型号、钢筋焊接强度试验报告，蒸汽养护测温，混凝土施工和混凝土试验报告单。

强度要满足设计要求，按规范规定级配时，应提高强度15%。

必须保留材料试化验报告单，并进行统一编号。重大的工程问题，必须保留处理文件。

混凝土拆模时，要求混凝土所达到的设计强度为：

板和拱 $L<2m$ 时要求达到50%；$L\geqslant 2\sim 8m$ 时要求达到70%；

梁 $L\leqslant 8m$ 的时要求达到70%；

承重结构 $L\geqslant 8m$ 时要求达到100%；

悬臂梁、板 $L<2m$ 时要求达到70%；$L\geqslant 2m$ 时要求达到100%。

基础轴线的允许偏差：独立基础±10mm；其他基础±15mm。

全高竖向的允许偏差：柱和墙 $H\leqslant 5m$ 时偏差为10mm；$H>5m$ 时偏差为15mm。

要求在钢材试验报告单上，注明现场技术负责人的使用意见。并且，在隐蔽记录上写清试验单和编号。

采用表格：建施6-2、建施7-1、建施7-2、建施7-3。

六、预制混凝土构件安装的隐蔽工程

必须验检并记录搭接长度和锚固长度。

必须验检并记录：墙拉结筋的规格、位置、数量；混凝土构件支座处找平层砂浆强度；预埋铁件焊接情况；混凝土及其配合比，混凝土试块编号（要分层记录）；构件平面部位，楼板接缝部位的试块强度，重要预埋件、梁板安装。

构件搭接长度：搭接在砖墙上不能小于8cm；搭接在混凝土构件上不能小于6cm；搭接在钢构件上不能小于5cm。而且，必须符合设计要求。构件运输与吊装强度：不能低于设计强度70%。构件安装要有构件合格证。构件平面就位、接头，重要预埋件，梁板安装等要有隐蔽记录。楼板灌缝的细石混凝土强度应等于原构件强度等级。

采用表格：建施6-2。

七、屋面工程的隐蔽工程

屋面工程必须绘制屋面结构剖面图。必须记录材料品种、规格、质量以及试验

单编号。同时，屋面工程必须记录各层厚度（砂浆找平层、隔气层、保温层、防水层）、砂浆配合比、玛琋脂配合比、屋面坡度、保温材料含水率、油毡质量（应符合材质要求）和玛琋脂的熬煮温度和施工温度。

建筑石油沥青性能指标应满足规范要求。玛琋脂技术指标应满足规范要求。必须记录保温材料含水率：

沥青珍珠岩当容重为 $100\sim120kg/m^3$，含水率不大于10%；

炉渣含水率不大于14%；

其他保温材料应符合设计要求；

采用表格：建施6-2。

八、上、下水工程的隐蔽工程

必须检验并记录上下水工程的隐蔽工程标高、坡度，管头接头情况及打压试验、管材质量、容量和管径。

九、电气工程的隐蔽工程

必须检验并记录电气工程埋设位置、管线规格数量和管线质量。

十、地质勘探资料的隐蔽工程

必须检验并记录地质勘探资料中的地基土壤是否与设计要求一致以及地质各项技术指标是否与地质勘测资料一致。没有谈到的其他隐蔽工程，同样必须检验并记录。

第六节 设计变更和技术核定

一、设计变更

施工单位决定的施工技术问题，要有技术负责人的签章，以技术通知单形式通知。由施工单位和建设单位共同决定的问题要有双方签章，以技术通知单形式通知。有关结构和建筑物造型等设计问题，由设计单位以设计变更形式通知。主体结构或设计单位提出设计变更，须有设计单位签章。其他变更须有建设与施工单位共同签章。

二、技术核定

所有的变更，必须经过项目技术负责人审定签章，并通知栋号执行。

采用表格：建施3-2。

第七节 季节性技术

一、季节性技术措施

当施工受到季节性影响时，适时采取：雨季施工技术措施；冬季施工技术措施；防风解冻技术措施；以及其他特殊工程施工技术措施。

二、技术要求内容

技术措施用于分部分项工程。及时掌握各分部分项工程施工期间气温情况。采取技术措施保证质量。采取确保安全技术措施。根据工程重要性，要有公司或项目技术负责人审批。技术措施要在施工前编制。措施要切实可行，要求针对性、时间性和技术性要强。措施要贯彻节约原则。措施未经批准，不准施工。

第八节 材料试化验

一、钢材

钢材进场数量应该明确，应具备出厂合格证或试验单。直径12mm以上的钢筋，要有复试试验单。一般结构的钢材需要机械性能试验单。进口钢材一律要有机械性能和化学性能复试试验单。重要结构的钢材需要机械性能和化学成分性能试验单。抄件要有原件厂名和批号，各种技术指标的实际数据，要有抄件单位公章与抄件人签章，并在试化验单上说明使用部位。焊接工程应有焊接试验报告单，焊件断点必须在焊口外，强度要大于等于母材强度，母材、使用焊条、炉种要符合设计要求。钢材的机械试验强度要符合标准。结构焊接，焊工要有合格证。

采用表格：建施8-4。

二、水泥

水泥要有28天强度试验单。如果没有28天的强度试验单，则需要用7天的强度来推算28天强度。如果水泥出厂已经超过三个月，则需要进行二次试验。水泥化验单至少要有7天强度数据，如属抄件，需要具有原件厂名、批号、技术指标、单位公章和抄件人签章。二次化验的水泥，应在三个月内用完；小窑水泥入场时如有怀疑，必须做二次化验。同品种、同强度等级、同一入场时间的，要有一张水泥试检报告单。对进口水泥要进行二次复试，并附有二次试验报告单。

三、木材

木材品种、材质和含水率，必须符合设计要求。常用木材的容许应力指标，应满足规范要求。

木材含水率，应符合以下的规定。

1. 细木制品含水率：
① 门心板、踢脚线和压条，含水率为12%；
② 门窗板和外贴脸，含水率为15%；
③ 门窗框含水率为18%。

2. 粗木（承重结构用木材）含水率：
① 一般木结构，含水率为25%；
② 胶合板的含水率为15%；
③ 拉力接头的连接板，含水率为18%。

四、红砖

红砖必须具有拉、压和抗折的试验单。每项工程至少有三张红砖试验单（分栋号不少于2张）。

抄件：具有原件厂名、批号、技术试验数据、单位公章、抄件人名章。一、二、三级红砖强度指标应满足规范要求。

五、卵石与碎石

卵石与碎石试验单不能少于 2 张。浇筑量在 30m³ 以内的，要有一张试验单。抄件的技术数据、手续要齐全。级配：应在试验报告单曲线之内，如不符时，应由项目技术负责人采取措施后，方可使用。对于混凝土，其中砂石含泥量指标应满足规范要求，且空隙率不应大于 45%。

六、毛石

对于石材，在设计上有强度要求的，必须做试验报告单。浇筑混凝土量在 30～100m³ 的，要有二张试验单。浇筑混凝土量在 100m³ 以上的，至少要有三张试验单。

七、砂子

1. 每项工程至少有三张试验单。
2. 混凝土用粗砂，含泥量指标应满足规范要求。
3. 混凝土用中砂，含泥量指标应满足规范要求。
4. 抄件：同卵石和碎石要求。

八、沥青、玛碲脂

沥青要有化验单和玛碲脂的试配配合比。各项技术指标与隐蔽屋面工程相同。
采用表格：建施 10-1、建施 10-2。

九、技术管理

在技术管理上，必须有栋号技术负责人的审核意见、使用部位、栋号技术负责人的签字和试验单日期要在各分项工程施工前进场。

材质如与各项技术指标不符时，须经主管工程师核定，采取措施和审批。

十、加气混凝土块化验单

加气混凝土块应进行化验，并写填化验单。混凝土性能指标应满足规范要求。

十一、保温材料

保温材料必须进行含水率试验；硅酸盐砌块须有强度试验报告单。

第九节　砂浆混凝土化验

一、砂浆强度

同一强度等级的砂浆试块，每 250m³ 砖砌体做一组，每楼层不少于一组。但是，为了检评砌体强度，可多做二组试块。试块是以标准条件养护下的 28 天强度为准。如无标准养护，应有 28 天的室内养护强度。冬季施工时，要有砖砌体同条件养护下的强度报告单。试验单内容，必须具备设计强度、试验强度、成型日期、试压日期、配合比、平均养护温度、使用部位、水泥品种强度等级、水泥用量、外掺剂掺量、材料规格、重量比、坍落度、试件尺寸、养护方法和冬季施工的实际配比标号，并说明使用部位。

标准养护条件为：20±3℃；相对湿度：90%以上。试验有效龄期：28～60天有效（其中40天以内为好，60天以内为较好，超过60天为一般）。

砂浆试块强度，是以6块为1组的试验算术平均值为依据。在砂浆配制上，按设计强度等级提高15%。砂浆配制一律按重量进行配比。

二、混凝土强度

对于混凝土的强度试验，同一强度等级的混凝土试块，每楼层不少于一组。设备基础100m^3一组、整体结构50m^3一组、混合结构20m^3一组。试块以标准条件养护下的28天强度为准，如无标准养护，应有28天室内养护强度。冬季施工时，要有与浇筑混凝土同条件养护下的强度报告单。试验单的内容必须齐全，包含设计强度、施工强度、成型日期、试验日期、配合比、平均养护温度、使用部位、水泥品种、强度等级、水泥用量、砂石种类、水灰比、坍落度、外掺剂掺量和搅拌与振捣方法。其他与隐蔽记录相同。

标准养护条件：20±3℃，相对湿度90%以上。试验有效龄期：28天～60天，其中40天以内为好，60天以内为较好，超过60天为一般。

混凝土配合比：应按设计强度提高15%

采用表格：建施9-1、建施9-2。

第十节 构件合格证

一、混凝土构件

混凝土构件要有出厂合格证（合格证上有公章，有经办人签章）。合格证内容必须齐全，包含构件型号、数量、设计强度，出厂强度（70%设计强度）并附有28天标准养护强度、生产日期、出厂日期、钢材主要性能。

每层要有合格证（数量、型号与施工组织设计吻合）。合格证要在进厂同时发至现场。预制件允许偏差，参看表10-6。

采用表格：建施8-5。

表10-6

内容与标准						
项次	偏差名称	允许偏差值(mm)				
		板	梁	柱	薄腹梁及桁梁	块体
1	长度	±10	±10	±10 ±5	±20	±10 —
2	截面尺寸	宽：+3 　　−7 高：+5 　　−3 厚：+4 −3	±5	±5	±5	— ±5 —
3	侧向弯曲	L/1000	L/750	L/750	L/1000	L/1000

续表

项次	偏差名称	内容与标准				
		允许偏差值(mm)				
		板	梁	柱	薄腹梁及桁梁	块体
4	预埋件对设计位置的偏差： ① 中心线位移 ② 角钢或钢板凸及凹 ③ 螺栓明露部分的长度	5 5 ±5	5 5 ±5	5 5 ±5	5 5 ±5	5 5 ±5
5	保护层厚度	+5 −3	+10 −3	+10 −5	+10 −5	+10 −5
6	预应力构件孔道位移		3		3	3

二、钢结构

钢结构构件要有出厂合格证(合格证要有公章，经办人有签章)。钢结构构件必须有材质证明写明规格和数量。同时，还要有结构试验证明和焊接试验证明。

柱和墙架柱(柱脚至牛腿面下)：当 $L \leqslant 10\mathrm{m}$ 时，偏差为 $\pm 5\mathrm{mm}$；当 $L > 10\mathrm{m}$ 时，偏差为 $\pm 10\mathrm{mm}$。

柱和墙架柱(屋架下柱全高)：当 $L \leqslant 10\mathrm{m}$ 时，偏差为 $\pm 10\mathrm{mm}$；当 $L > 10\mathrm{m}$ 时，偏差为 $\pm 15\mathrm{mm}$。

桁架的偏差，房架跨度：$L \leqslant 24\mathrm{m}$ 时，偏差为 $\pm 7\mathrm{mm}$；$L > 24$ 时，偏差为 $\pm 10\mathrm{mm}$。

实腹梁高度偏差 $h = \pm 3\mathrm{mm}$。

三、木结构

木结构出厂时，要有出厂合格证；木材要有含水率试验单；木材合格证上要写明种类、规格和等级。

第十一节 施工技术日记

一、施工日记(即工长责任日记)

施工日记的记载内容，必须记述与工程施工相关事项：日期、气象、气温、风力、施工和停工情况；质量、安全、防火检查问题及其处理情况；各班组施工部位、进度情况；开工、停工、复工和竣工情况，要与施工日记相符(分部分项工程起止日期)；主要机械入场及停歇情况；材料、构件进场情况；冬季施工测温情况(对温度变化采取措施情况)；上级指示情况和其他。

采用表格：建施1-2。

二、技术日记(栋号技术负责人记录)

技术日记的记载内容齐全，包括：开竣工日期；分部分项工程起迄日期以及各楼层完成的起迄日期；技术资料(施工图、设计变更等)供应情况；特殊质量要求和施工方法；质量、安全、机械事故情况(发生原因、处理方法)；有关生产技术方面的决定和建议;气象、气温以及其他特殊情况;试块制作和试压情况。

采用表格:建施1-2。

第十二节 气象气温记录

气象气温要求按栋号测量并且记录;气象分晴天、雨天、阴天、大雪、小雪和风力、风向情况记录;栋号气温测量每日两次(上午7时~8时,下午14时~15时)记录;按日填写记录不得间断。

第十三节 事故处理及报告

一、凡属以下四种情况之一的质量事故,即为重大质量事故:

1. 建筑物、构筑物或其他主要结构倒塌;
2. 超过规范规定的基础不均匀下沉,建筑物倾斜、结构开裂和主体结构强度严重不足等;影响结构安全和建筑物寿命造成不可补救的永久性的缺陷;
3. 影响设备及其相应系统的使用功能、造成永久性缺陷;
4. 一次返工损失在1000元以上的质量事故(包括返工损失的全部工程价款)。

二、按质量事故报告表格形式,填写内容齐全(质量事故范围大小,分析发生的原因,经济损失数目和处理方案等)。

三、报告及时。

四、事故处理意见,要经公司总工程师批准,发现无论大小质量事故要及时报告。

第十四节 沉降观测记录

一、水准基点
每项工程不得少于2个点。
二、观测点
一个单元至少4个点;两个单元至少6个点;三个单元至少8个点。
工程观测时,按观测点进行观测;工程竣工时,及时提出观测记录。
三、观测点设立位置
建筑物转角处;单元交接处;伸缩缝和沉降缝两边;新旧建筑物两边。
四、观测次数
民用建筑每层观测一次;工业建筑在不同荷载下各观测一次。
五、绘制曲线图
绘制荷载—时间—沉降曲线示意图。
采用表格:建施4-3。

第十五节 竣 工 图

竣工图与施工图不同。竣工图是在原有的施工图上,加上图纸会审和具有四方会签的设计变更文件——付诸实施而进行修改后的图纸,且有标注和说明的图纸。换句话说,就是实际施工的图纸。图纸变更之处,必须有设计变更或技术核定单的编号说明。每层施工完了,立即做竣工图。竣工图上要有栋号技术负责人的签章、日期和加盖"竣工图"章。复杂的变更或在施工图上标注不清的,应重新绘制竣工图(计算机绘图),根据标准程序图要求,每个单位工程要分三阶段绘制竣工图。即:基础、主体和装修。竣工后必须提交完整的竣工图。

采用表格:建施1-3。

第十六节 技术档案整理

技术档案整理,要有文字说明。移交档案和保存档案,必须分别进行整理,达到技术经济资料齐全,且及时办理交接手续。

第十一章 工序质量控制流程图

工序质量控制流程图,实际上,它是质量控制的保证体系。这里是以框图的形式,形象地表达的。框图是以施工为主体——施工体系,辅以技术管理体系和辅助服务体系,同步进行,以保证质量与时间进度。

本章工序质量控制流程图,从管理科学的角度来看,是对第九章——单位工程施工程序的细化和补充。本章的特点,就是突出工序这一细腻而繁杂的环节。对于工序环节阐述得十分清晰。对于接触实践较少的人,有利于补充这方面的概念。同时,这也是施工体系同管理体系和辅助服务体系的有机结合。

在施工体系下面是抄平放线。抄平放线以后,又产生了两个分支:桩基础施工;砌筑基础或混凝土基础。因此,两个分支各有自己的系列工序。这两个分支从结构类型上来说,一个如框架等工业化结构体系;另一个是接近传统建筑工艺的砖

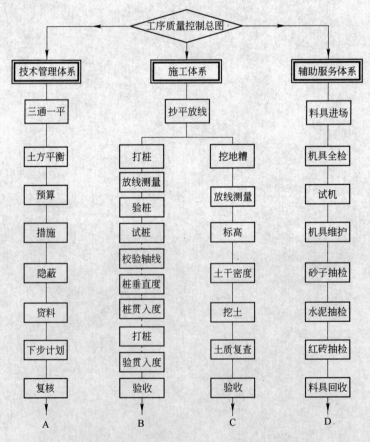

图 11-1 工序质量控制流程图

混结构体系。

技术管理体系下面是三通一平。在三通一平阶段里，也有一系列工作要做。三通一平是指水通、电通、路通和场地平整。附录中的表格，就是给技术管理体系准备的。

辅助服务体系下面是料具进场。它下面列出的诸多方框，就是这个阶段的服务内容。

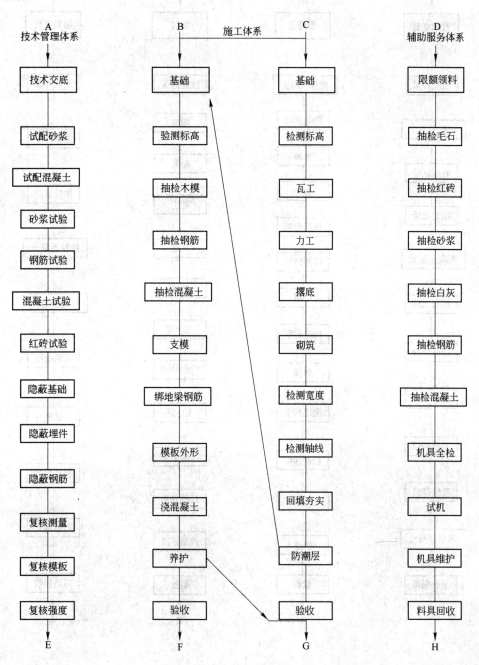

图 11-2

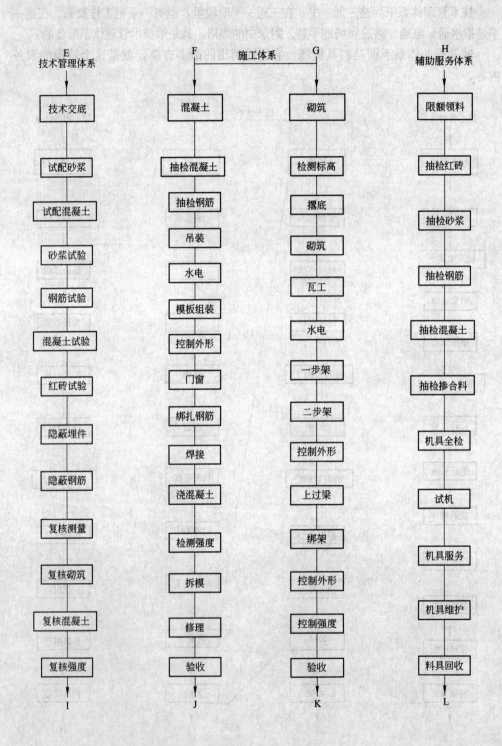

图 11-3

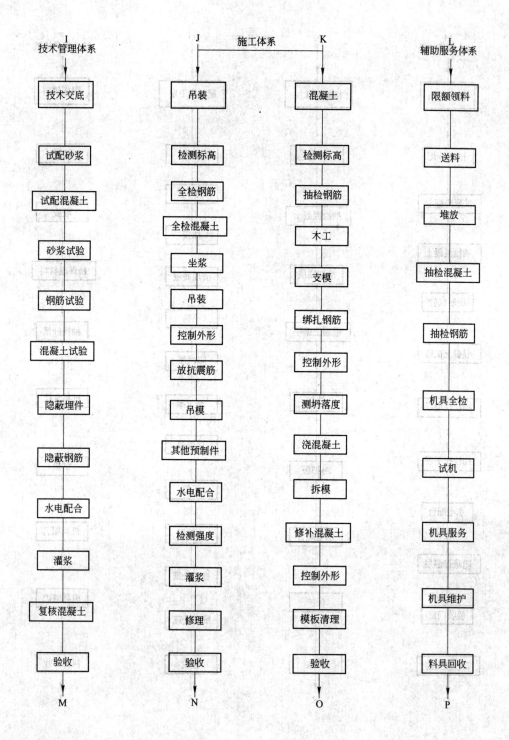

图 11-4

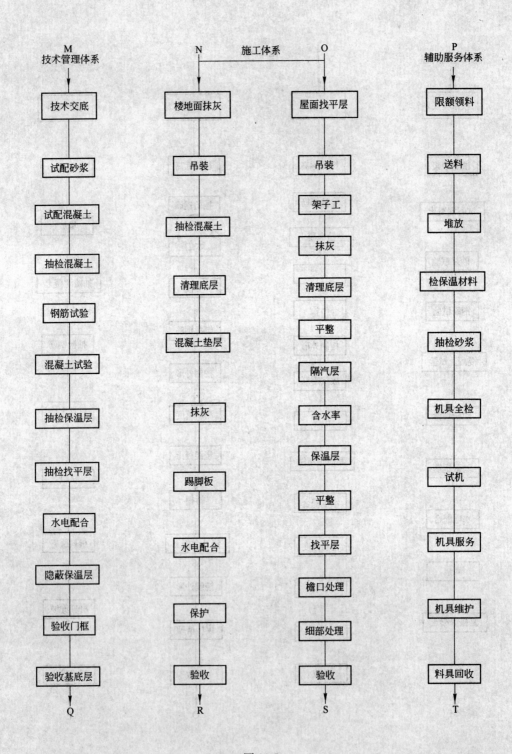

图 11-5

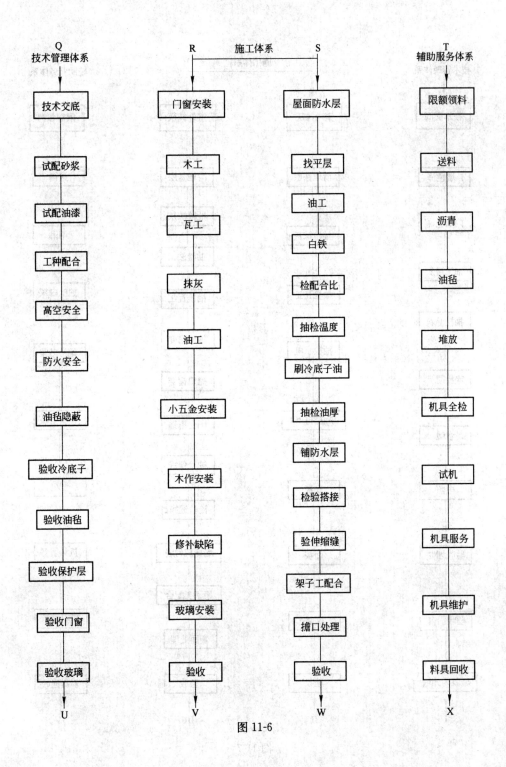

图 11-6

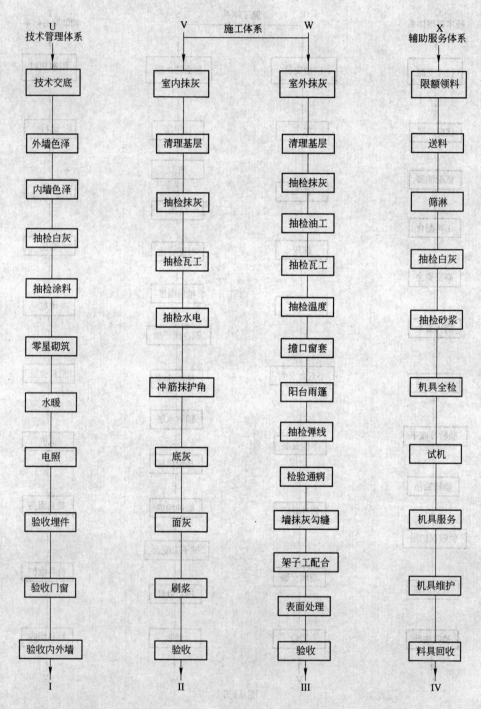

图 11-7

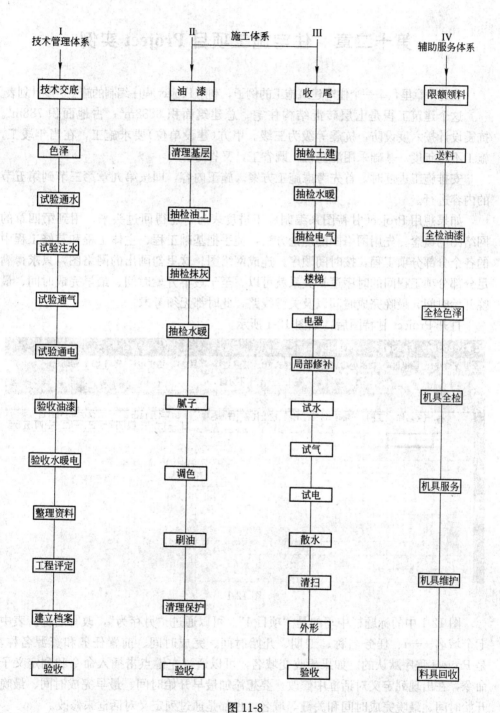

图 11-8

第十二章 住宅施工项目 Project 实例

在这一章里，举一个住宅建筑施工的例子，利用 Project 程序编制的施工进度计划表。

这个建筑工程是七层砖混结构住宅。总建筑面积 $6888m^2$；占地面积 $788m^2$。抗震设计按六度设防，抗震等级为三级。甲方（建设单位）要求施工，在当年竣工，施工不跨年度。基础采用灌注桩，既省工，又省时。

安排施工进度时，首先考虑施工方案。施工内容，即按第九章第三节到第五节的内容进行。

如果想用 Project 甘特图来编制施工进度表时，还得回过头来，用到第四章的网络图的概念。先用网络图的理论方法，徒手把基础工程、主体工程和装修工程中的各个分部分项工程，按时间顺序，连成网络图。这里勾画出的网络图，只求得满足分部分项工程间的时序逻辑关系就可以。至于最早开始时间、最早完成时间、最晚开始时间、最晚完成时间以及关键线路，此时都无须考虑。

打开 Project 甘特图后，如图 12-1 所示。

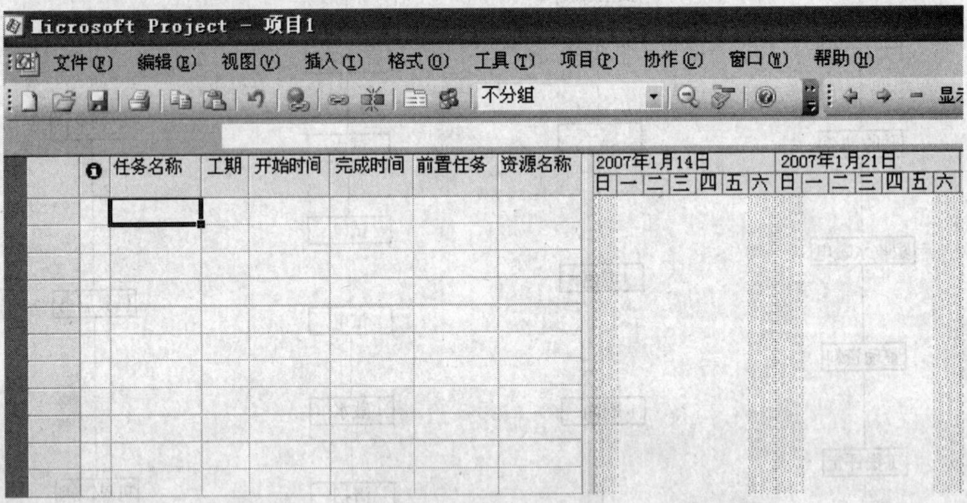

图 12-1

图 12-1 中的标题栏中写的是"项目 1"。可以通过"另存为"，改写名称。表中七个域名——i、任务名称、工期、开始时间、完成时间、前置任务和资源名称，是 Project 程序默认的。如果想改变域名，可以通过左键点击插入命令和列定义子命令，在出现列定义对话框中修改。要想添加最早开始时间、最早完成时间、最晚开始时间、最晚完成时间和关键等域名，也都是通过列定义对话框来修改。

图 12-2 是施工进度计划的甘特图实例。

图 12-3 是把横道图加到甘特图中的情况。

Microsoft Project - 30#住宅工程施工进度

	关键	任务名称	工期	开始时间	完成时间	前置任务
1	是	施工准备放线	14 工作日	2007年4月1日	2007年4月14日	
2	是	桩基 I	5 工作日	2007年4月15日	2007年4月19日	1
3	是	承台 I	4 工作日	2007年4月20日	2007年4月23日	2
4	否	零米以下砌筑 I	1 工作日	2007年4月24日	2007年4月24日	3
5	否	零米梁板 I	1 工作日	2007年4月25日	2007年4月25日	4
6	否	桩基 II	2 工作日	2007年4月20日	2007年4月21日	2
7	是	承台 II	4 工作日	2007年4月24日	2007年4月27日	3,6
8	是	零米以下砌筑 II	1 工作日	2007年4月28日	2007年4月28日	4,7
9	是	零米梁板 II	1 工作日	2007年4月29日	2007年4月29日	5,8
10	是	基础防潮层	1 工作日	2007年4月30日	2007年4月30日	9
11	否	避雷接地预埋	16 工作日	2007年4月15日	2007年4月30日	1
12	否	给排水暖气地下管线安装	16 工作日	2007年4月15日	2007年4月30日	1
13	是	一层砌砖	5 工作日	2007年5月1日	2007年5月5日	10
14	否	一层现浇圈梁、柱支模板	1 工作日	2007年5月3日	2007年5月3日	13FS-3 工作日
15	否	一层现浇圈梁、柱帮扎钢筋 I	0.5 工作日	2007年5月4日	2007年5月4日	14
16	否	一层现浇圈梁、柱浇筑混凝土 I	0.5 工作日	2007年5月4日	2007年5月4日	15
17	否	一层现浇圈梁、柱帮扎钢筋 II	0.5 工作日	2007年5月5日	2007年5月5日	16
18	否	一层现浇圈梁、柱浇筑混凝土 II	0.5 工作日	2007年5月5日	2007年5月5日	17
19	是	一层现浇板、楼梯、雨棚、阳台支模板	1 工作日	2007年5月3日	2007年5月3日	13FS-3 工作日
20	否	一层现浇板、楼梯、雨棚、阳台帮扎钢筋 I	0.5 工作日	2007年5月4日	2007年5月4日	19
21	否	一层现浇板、楼梯、雨棚、阳台浇筑混凝土 I	0.5 工作日	2007年5月4日	2007年5月4日	20
22	否	一层现浇板、楼梯、雨棚、阳台帮扎钢筋 II	0.5 工作日	2007年5月5日	2007年5月5日	21
23	否	一层现浇板、楼梯、雨棚、阳台浇筑混凝土 II	0.5 工作日	2007年5月5日	2007年5月5日	22
24	是	一层楼板安装	1 工作日	2007年5月6日	2007年5月6日	13
25	是	二层砌砖	5 工作日	2007年5月7日	2007年5月11日	24
26	否	二层现浇圈梁、柱支模板	1 工作日	2007年5月9日	2007年5月9日	25FS-3 工作日
27	否	二层现浇圈梁、柱帮扎钢筋 I	0.5 工作日	2007年5月10日	2007年5月10日	26
32	否	二层现浇板、楼梯、雨棚、阳台帮扎钢筋 I	0.5 工作日	2007年5月10日	2007年5月10日	31
33	否	二层现浇板、楼梯、雨棚、阳台浇筑混凝土 I	0.5 工作日	2007年5月10日	2007年5月10日	32
34	否	二层现浇板、楼梯、雨棚、阳台帮扎钢筋 II	0.5 工作日	2007年5月11日	2007年5月11日	33
35	否	二层现浇板、楼梯、雨棚、阳台浇筑混凝土 II	0.5 工作日	2007年5月11日	2007年5月11日	34
36	是	二层楼板安装	1 工作日	2007年5月12日	2007年5月12日	25
37	是	三层砌砖	5 工作日	2007年5月13日	2007年5月17日	36
38	否	三层现浇圈梁、柱支模板	1 工作日	2007年5月15日	2007年5月15日	37FS-3 工作日
39	否	三层现浇圈梁、柱帮扎钢筋 I	0.5 工作日	2007年5月16日	2007年5月16日	38
40	否	三层现浇圈梁、柱浇筑混凝土 I	0.5 工作日	2007年5月16日	2007年5月16日	39
41	否	三层现浇圈梁、柱帮扎钢筋 II	0.5 工作日	2007年5月17日	2007年5月17日	40
42	否	三层现浇圈梁、柱浇筑混凝土 II	0.5 工作日	2007年5月17日	2007年5月17日	41
43	否	三层现浇板、楼梯、雨棚、阳台支模板	1 工作日	2007年5月15日	2007年5月15日	37FS-3 工作日
44	否	三层现浇板、楼梯、雨棚、阳台帮扎钢筋 I	0.5 工作日	2007年5月16日	2007年5月16日	43
45	否	三层现浇板、楼梯、雨棚、阳台浇筑混凝土 I	0.5 工作日	2007年5月16日	2007年5月16日	44
46	否	三层现浇板、楼梯、雨棚、阳台帮扎钢筋 II	0.5 工作日	2007年5月17日	2007年5月17日	45
47	否	三层现浇板、楼梯、雨棚、阳台浇筑混凝土 II	0.5 工作日	2007年5月17日	2007年5月17日	46
48	是	三层楼板安装	1 工作日	2007年5月18日	2007年5月18日	37
49	是	四层砌砖	5 工作日	2007年5月19日	2007年5月23日	48
50	否	四层现浇圈梁、柱支模板	1 工作日	2007年5月21日	2007年5月21日	49FS-3 工作日
51	否	四层现浇圈梁、柱帮扎钢筋 I	0.5 工作日	2007年5月22日	2007年5月22日	50
52	否	四层现浇圈梁、柱浇筑混凝土 I	0.5 工作日	2007年5月22日	2007年5月22日	51
53	否	四层现浇圈梁、柱帮扎钢筋 II	0.5 工作日	2007年5月23日	2007年5月23日	52
54	否	四层现浇圈梁、柱浇筑混凝土 II	0.5 工作日	2007年5月23日	2007年5月23日	53
55	否	四层现浇板、楼梯、雨棚、阳台支模板	1 工作日	2007年5月21日	2007年5月21日	49FS-3 工作日
56	否	四层现浇板、楼梯、雨棚、阳台帮扎钢筋 I	0.5 工作日	2007年5月22日	2007年5月22日	55
57	否	四层现浇板、楼梯、雨棚、阳台浇筑混凝土 I	0.5 工作日	2007年5月22日	2007年5月22日	56
58	否	四层现浇板、楼梯、雨棚、阳台帮扎钢筋 II	0.5 工作日	2007年5月23日	2007年5月23日	57
59	否	四层现浇板、楼梯、雨棚、阳台浇筑混凝土 II	0.5 工作日	2007年5月23日	2007年5月23日	58
60	是	四层楼板安装	1 工作日	2007年5月24日	2007年5月24日	49
61	是	五层砌砖	5 工作日	2007年5月25日	2007年5月29日	60
62	否	五层现浇圈梁、柱支模板	1 工作日	2007年5月27日	2007年5月27日	61FS-3 工作日
63	否	五层现浇圈梁、柱帮扎钢筋 I	0.5 工作日	2007年5月28日	2007年5月28日	62

图 12-2(一)

64	否	五层现浇圈梁、柱浇筑混凝土 I	0.5 工作日	2007年5月28日	2007年5月28日	63
65	否	五层现浇圈梁、柱帮扎钢筋 II	0.5 工作日	2007年5月29日	2007年5月29日	64
66	否	五层现浇圈梁、柱浇筑混凝土 II	0.5 工作日	2007年5月29日	2007年5月29日	65
67	否	五层现浇板、楼梯、雨棚、阳台支模板	1 工作日	2007年5月27日	2007年5月27日	61FS-3 工作日
68	否	五层现浇板、楼梯、雨棚、阳台帮扎钢筋 I	0.5 工作日	2007年5月28日	2007年5月28日	67
69	否	五层现浇板、楼梯、雨棚、阳台浇筑混凝土 I	0.5 工作日	2007年5月28日	2007年5月28日	68
70	否	五层现浇板、楼梯、雨棚、阳台帮扎钢筋 II	0.5 工作日	2007年5月29日	2007年5月29日	69
71	否	五层现浇板、楼梯、雨棚、阳台浇筑混凝土 II	0.5 工作日	2007年5月29日	2007年5月29日	70
72	是	五层楼板安装	1 工作日	2007年5月30日	2007年5月30日	61
73	否	六层砌砖	5 工作日	2007年5月31日	2007年6月4日	72
74	否	六层现浇圈梁、柱支模板	1 工作日	2007年6月2日	2007年6月2日	73FS-3 工作日
75	否	六层现浇圈梁、柱帮扎钢筋 I	0.5 工作日	2007年6月3日	2007年6月3日	74
76	否	六层现浇圈梁、柱浇筑混凝土 I	0.5 工作日	2007年6月3日	2007年6月3日	75
77	否	六层现浇圈梁、柱帮扎钢筋 II	0.5 工作日	2007年6月4日	2007年6月4日	76
78	否	六层现浇圈梁、柱浇筑混凝土 II	0.5 工作日	2007年6月4日	2007年6月4日	77
79	否	六层现浇板、楼梯、雨棚、阳台支模板	1 工作日	2007年6月2日	2007年6月2日	73FS-3 工作日
80	否	六层现浇板、楼梯、雨棚、阳台帮扎钢筋 I	0.5 工作日	2007年6月3日	2007年6月3日	79
81	否	六层现浇板、楼梯、雨棚、阳台浇筑混凝土 I	0.5 工作日	2007年6月3日	2007年6月3日	80
82	否	六层现浇板、楼梯、雨棚、阳台帮扎钢筋 II	0.5 工作日	2007年6月4日	2007年6月4日	81
83	否	六层现浇板、楼梯、雨棚、阳台浇筑混凝土 II	0.5 工作日	2007年6月4日	2007年6月4日	82
84	是	六层楼板安装	1 工作日	2007年6月5日	2007年6月5日	73
85	否	七层砌砖	5 工作日	2007年6月6日	2007年6月10日	84
86	否	七层现浇圈梁、柱支模板	1 工作日	2007年6月8日	2007年6月8日	85FS-3 工作日
87	否	七层现浇圈梁、柱帮扎钢筋 I	0.5 工作日	2007年6月9日	2007年6月9日	86
88	否	七层现浇圈梁、柱浇筑混凝土 I	0.5 工作日	2007年6月9日	2007年6月9日	87
89	否	七层现浇圈梁、柱帮扎钢筋 II	0.5 工作日	2007年6月10日	2007年6月10日	88
90	否	七层现浇圈梁、柱浇筑混凝土 II	0.5 工作日	2007年6月10日	2007年6月10日	89
91	否	七层现浇板、楼梯、雨棚、阳台支模板	1 工作日	2007年6月8日	2007年6月8日	85FS-3 工作日
92	否	七层现浇板、楼梯、雨棚、阳台帮扎钢筋 I	0.5 工作日	2007年6月9日	2007年6月9日	91
93	否	七层现浇板、楼梯、雨棚、阳台浇筑混凝土 I	0.5 工作日	2007年6月9日	2007年6月9日	92
94	否	七层现浇板、楼梯、雨棚、阳台帮扎钢筋 II	0.5 工作日	2007年6月10日	2007年6月10日	93
95	否	七层现浇板、楼梯、雨棚、阳台浇筑混凝土 II	0.5 工作日	2007年6月10日	2007年6月10日	94
96	否	七层楼板安装	1 工作日	2007年6月11日	2007年6月11日	85
97	是	板灌缝	8 工作日	2007年6月6日	2007年6月13日	84
98	否	女儿墙砌砖	2 工作日	2007年6月12日	2007年6月13日	96
99	否	一至七层隔墙砌筑	8 工作日	2007年6月6日	2007年6月13日	84
100	否	阳台拦板砌筑	4 工作日	2007年6月10日	2007年6月13日	96FS-2 工作日
101	否	门窗框安装	7 工作日	2007年6月14日	2007年6月20日	100
102	是	屋面找平层	1 工作日	2007年6月14日	2007年6月14日	97
103	否	干燥	3 工作日	2007年6月15日	2007年6月17日	102
104	否	屋面隔气层	2 工作日	2007年6月18日	2007年6月19日	103
105	否	保温层	2 工作日	2007年6月20日	2007年6月21日	104
106	否	找平层	1 工作日	2007年6月22日	2007年6月22日	105
107	否	干燥	14 工作日	2007年6月23日	2007年7月6日	106
108	否	作屋面防水	2 工作日	2007年7月7日	2007年7月8日	107
109	否	外墙抹灰	8 工作日	2007年6月14日	2007年6月21日	100
110	否	散水坡	2 工作日	2007年6月22日	2007年6月23日	109
111	否	水落管安装	4 工作日	2007年6月24日	2007年6月27日	110
112	是	内墙抹灰	22 工作日	2007年6月15日	2007年7月6日	102
113	是	内墙抹灰找零	9 工作日	2007年7月7日	2007年7月15日	112
114	是	楼地面1～7层	15 工作日	2007年7月12日	2007年7月26日	113FS-4 工作日
115	否	玻璃窗扇安装	14 工作日	2007年7月27日	2007年8月9日	114
116	是	防盗门、木门安装、刷油漆	16 工作日	2007年7月27日	2007年8月11日	114
117	否	收尾	10 工作日	2007年8月12日	2007年8月21日	116
118	是	电线管预埋	33 工作日	2007年5月4日	2007年6月5日	19
119	是	管内穿线、闸箱安装	44 工作日	2007年6月6日	2007年7月19日	118
120	是	灯具安装	23 工作日	2007年7月20日	2007年8月11日	119
121	是	收尾	10 工作日	2007年8月12日	2007年8月21日	120
122	是	暖卫立管预留洞、零米下管线安装	34 工作日	2007年5月4日	2007年6月6日	19
123	是	暖气组装打压、给排水立管安装	30 工作日	2007年6月7日	2007年7月6日	122
124	是	暖气系统安装	14 工作日	2007年7月7日	2007年7月20日	123
125	是	卫生、洁具安装	22 工作日	2007年7月21日	2007年8月11日	124
126	是	收尾	10 工作日	2007年8月12日	2007年8月21日	125

图 12-2(二)

图12-2图幅小，便于携带。

图12-3具有横道图，宜置于办公桌的玻璃板下，或贴在墙上。

上面这两幅图，在资源名称中，都没有填写资源。如果填写了资源及其数量，就会在横道图等多种视图里反映出来（见图3-20……，图6-2等）。

如果，把域名开始时间和完成时间，换成最早开始时间、早最完成时间、最晚开始时间和最晚完成时间，这时，可以用来进一步推敲并改进关键线路。

当甘特图一旦编成以后，便可以随时任意点击第二节视图种类（9种以上）中的任一视图，立即显现一幅全新画面。它们具有各自的用途和特点（参看第二节）。这一点，请读者亲自上机操作实践。

第十三章 工程内业软件操作方法

第一节 解压软件安装

如图 13-1～图 13-5 所示,是事先打开了技术内业软件(2007 绿色移动版)的文件夹,从而进入了技术内业软件(2007 绿色移动版)的窗口。技术内业软件(2007 绿色移动版)的文件夹中(图 13-6),存有三个文件:加密锁驱动;技术内业软件(2007 绿色移动版).rar;解压软件.exe。加密锁驱动,是说软件为了预防被盗版,采取了防盗版措施,给软件加了保密锁。要想打开软件使用,必须用加密锁来打开软件。这时就需要把加密锁插到计算机的 USB 插口上,进行加密锁驱动。".rar"是压缩文件的扩展名。也就是说技术内业软件(2007 绿色移动版).rar,刻录软件光盘时,为了节省光盘的使用空间,事先把软件文件经过压缩,再刻录成光盘。经过压缩过的文件名称,尾缀".rar"字样。解压软件.exe 中的".exe",是执行文件的扩展名。软件文件尾缀".exe",就是执行文件,它是可以直接拿来运行的。

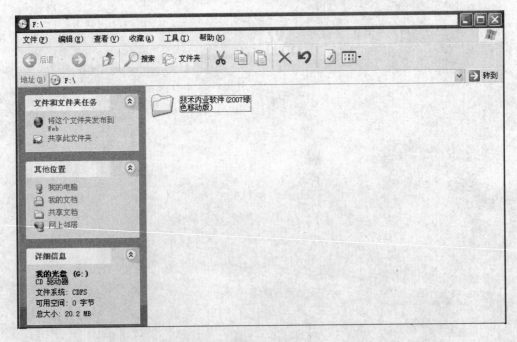

图 13-1

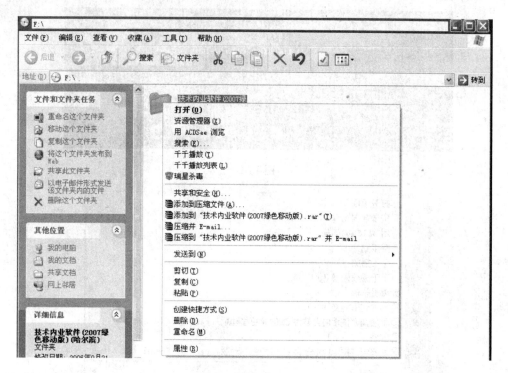

图 13-2

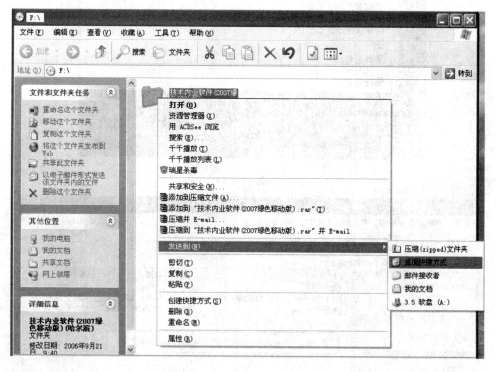

图 13-3

图 13-4

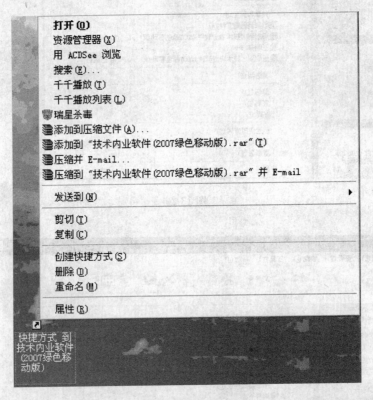

图 13-5

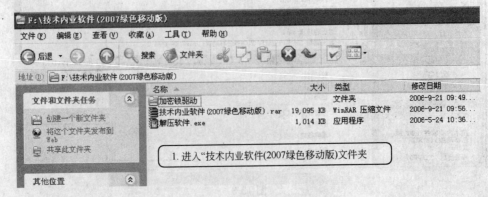

图 13-6

面对文件夹中的三个文件，首先选择解压软件.exe。参看图13-7。用右键点击解压软件.exe，出现快捷菜单。用左键点击打开(O)。

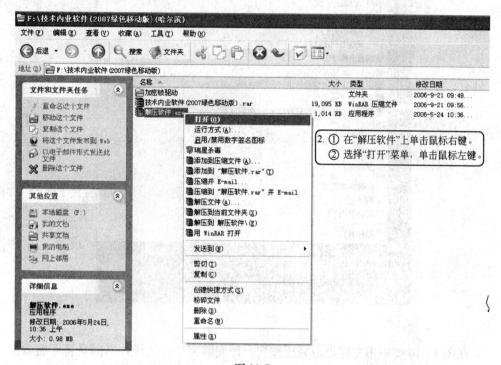

图 13-7

这时，出现了安装解压软件.exe的对话框。参看图13-8，用左键点击安装按钮。

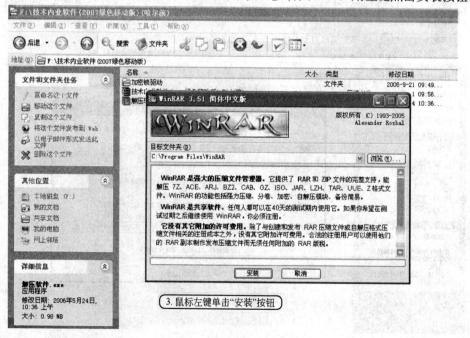

图 13-8

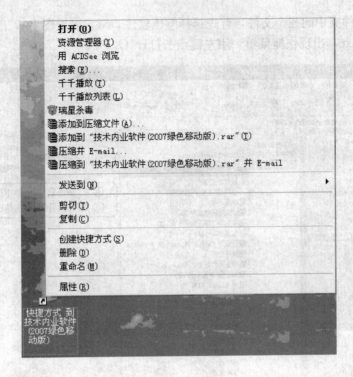

图 13-9

在图 13-10 图中用左键点击完成按钮，即安装完毕。这样，当前具备了有效的解压功能了。

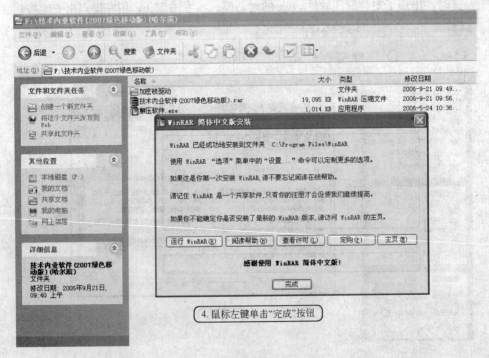

图 13-10

第二节 软件安装

前面解压软件.exe已经安装完毕,可以对有待解压的软件解压了。而技术内业软件(2007绿色移动版).rar,就是需要解压以后,变成可以运行的执行文件。参看图13-11,对技术内业软件(2007绿色移动版).rar文件点击右键。这时,出现快捷菜单。用左键点击解压到当前文件夹(X)。这就是说对技术内业软件(2007绿色移动版).rar文件进行解压。

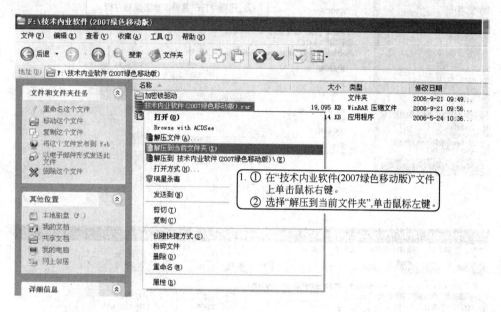

图 13-11

技术内业软件(2007绿色移动版).rar文件解压后的文件名变成了技术内业软件(2007绿色移动版),扩展名".rar"没有了。做为不是压缩文件的技术内业软件(2007绿色移动版)文件夹,出现窗口中的第四行。参看图13-12。这时,用右键点击技术内业软件(2007绿色移动版)文件夹,出现快捷菜单。用左键点击"打开(O)。"

参看图13-13,打开的技术内业软件(2007绿色移动版)文件夹中,有八个文件。用右键点击内业软件文件,出现快捷菜单。用左键点击发送到(N)。接着,又出现再下一级的快捷菜单,用左键点击桌面快捷方式。意思是把内业软件的文件夹,放在打开计算机就能看得见的桌面上,参看图13-14。

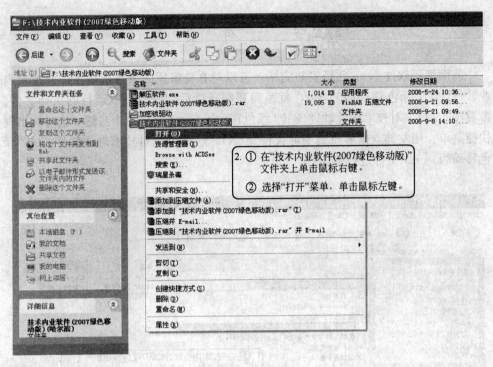

图 13-12

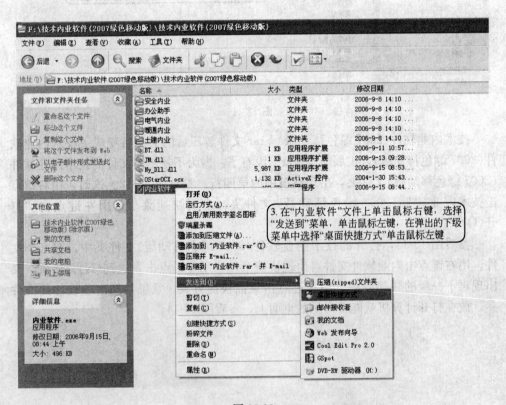

图 13-13

图 13-14

第三节　加密锁驱动安装

参看图 13-15。由于内业软件文件是经过加密上锁的，所以，必须由加密锁驱动程序功能来开锁解密。用右键点击加密锁驱动文件，出现快捷菜单。用左键点击打开(O)。

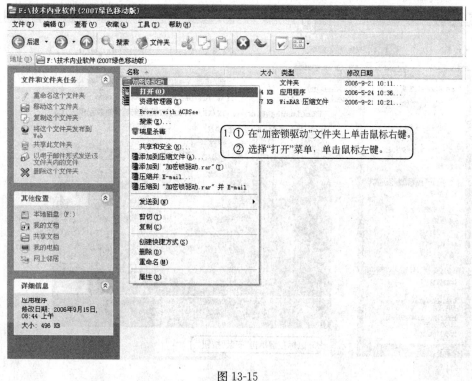

图 13-15

参看图 13-16。打开的加密锁驱动文件中，出现两个文件。用右键点击 Genius-DogInstdrv.ese 文件，出现快捷菜单，用左键点击打开(O)。

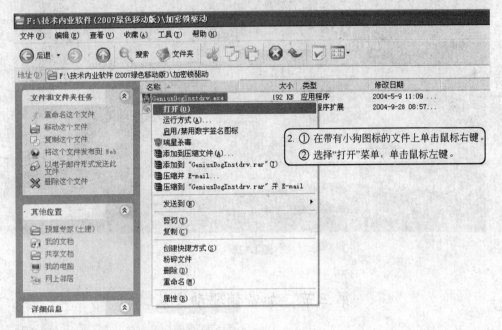

图 13-16

参看图 13-17。窗口中显现安装加密锁驱动程序的对话框。用左键点安装按钮。

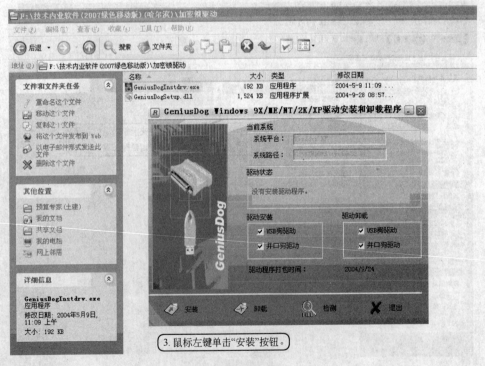

图 13-17

参看图 13-18，安装时间进度动态线框充盈后，示意安装过程结束(图 13-19)。

图 13-18

图 13-19

第四节　建筑工程内业

启动建筑工程管理系统（土建内业）。用右键点击目录——5♯楼工程，出现快捷菜单。用左键点击另存工程（T）——编制一个和5♯楼工程一模一样的同级目录工程（并列的）。参看图13-20。

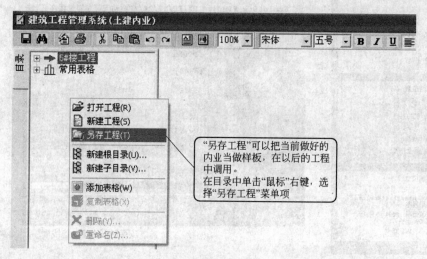

图13-20

这时，窗口中显现另存工程的对话框。输入"6♯楼工程"文字，用左键点OK按钮（图13-21）。

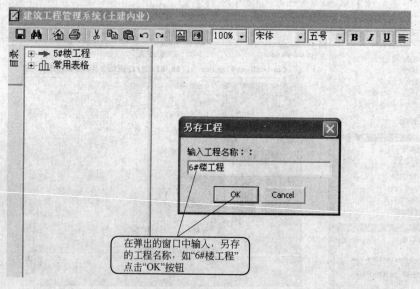

图13-21

这时，窗口的目录中显现了6♯楼工程（图13-22）。实质上，6♯楼工程是复制了5♯楼工程。

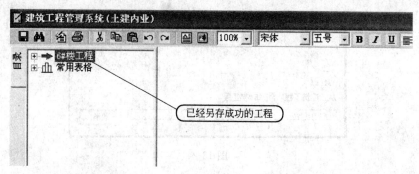

图 13-22

1. 新建工程

参看图 13-23。

首先,把鼠标放在窗口左方,点击右键。这时,出现快捷菜单。用左键点击新建工程(S),在窗口右方,出现新建工程对话框。在它的文本框中,输入"5♯楼工程"字样。然后用左键点击"OK"钮。

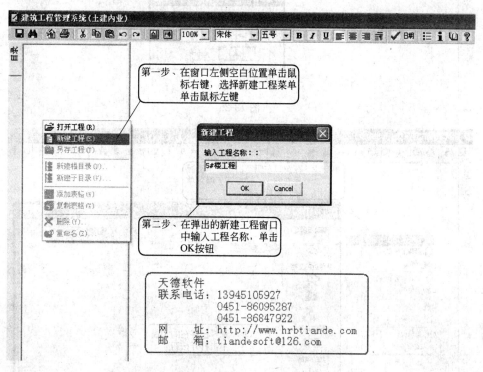

图 13-23

如图 13-24 所示,计算机在复制"5♯楼工程"字样。

计算机把复制的"5♯楼工程"字样,印在了窗口左方"目录"处。见图 13-25。

2. 打开已经建立了计算机文件的工程

对于已有的在建工程(已经建立了计算机文件的工程),则使用打开工程命令。

参看图 13-26。首先,把鼠标放在窗口左方,点击右键。这时,出现快捷菜单。用

图 13-24

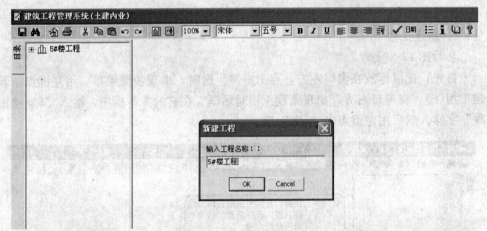

图 13-25

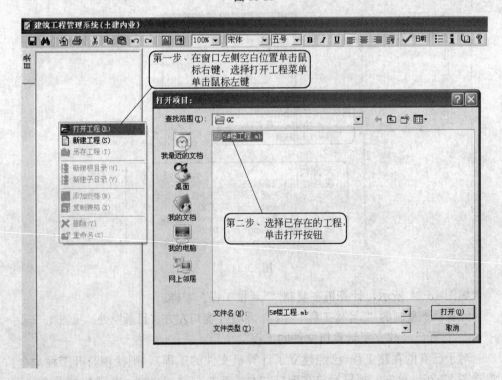

图 13-26

左键点击"打开工程(R),在窗口右方,出现打开项目对话框。用左键点击"5#楼工程.mh"文件。然后,用左键点击"打开"钮。

3. 另存工程

想要把已经建立了计算机文件的工程,在计算机里保存起来的过程,这里叫做另存工程。假如有一个"8#楼工程",想把它做为计算机文件保存起来,需要按下面步骤进行。

把鼠标放在窗口左方,点击右键。这时,出现快捷菜单。用左键点击"另存工程(T)",在窗口右方,出现另存工程对话框。输入工程名称——"8#楼工程"文字。然后,用左键点击"OK"钮。

参看图 13-27。

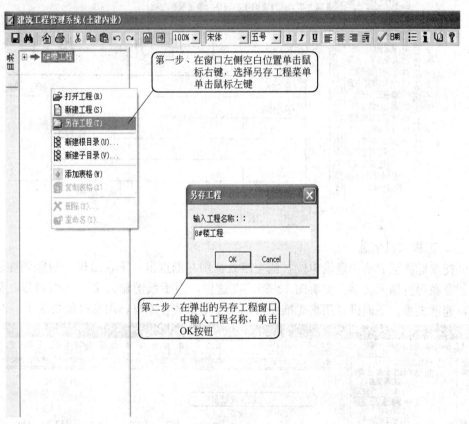

图 13-27

4. 调用表格

把早已储备的表格——工程开工报告,调入到当前窗口中使用。参看图 13-28。如果窗口左方目录框中"5#楼工程"前面的小方框中,是"+"号,则用左键点击它一下,接着下面显现出三个子纲目。再用左键点击第一个子纲目——技术档案管理(土建),这时,再一次展现出它的若干子纲目。接着,用左键点击第一个子纲目——01. 工程信息,这时,再一次展现出它的若干子项目。这时,再用左键点击第二个子项目——工程开工报告,这时,工程开工报告表格,就进入到当前窗口中。

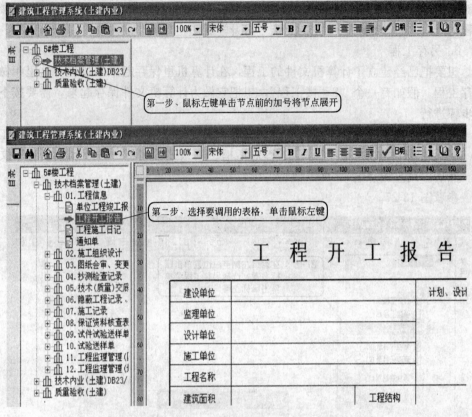

图 13-28

5. 工程项目信息

把鼠标移至表格中建设单位右侧空格处，用左键点击一下，出现一短竖划在闪动，意在等待输入文字。参看图 13-29。在这里，用手敲键输入文字当然可以，但是，速度太慢。下面讲，用事先准备好的文字信息放在库里，用起来就快多了。

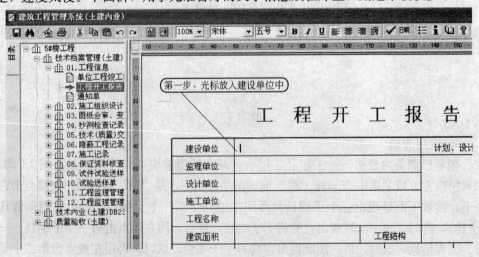

图 13-29

参看图13-30，在上边工具栏中，用左键点击工程项目信息按钮，便在工程开工报告表格前方出现工程项目信息对话框。接着，按照工程名称、施工单位等，要求在空格填写相应的文字，如5♯楼工程、××建筑公司等等……。之后，用左键点击保存按钮，便把刚才输入的文字信息，储存到计算机里了。如果现在想往工程开工报告表格里填写建设单位的具体名称，就可以在工程项目信息对话框中，点击建设单位字样左面的单选框（即在圆圈中点击出一黑点），然后，用左键点击插入按钮，这时，工程项目信息对话框中的××建筑公司字样，就进入到工程开工报告表格里了。以后，许多表格一旦需要这些工程项目信息时，到工程项目信息库中去找，就省事多了。

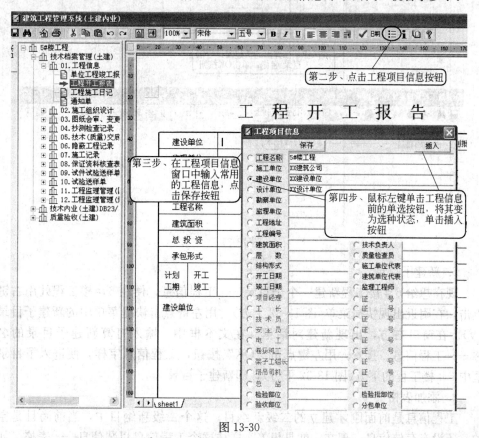

图13-30

6. 新建根目录

见图13-31。

在窗口左方目录框中，有一个叫做"5♯楼工程"字样的纲目。从前面已经知道，纲目是分等级的。这里想建立一个和5♯楼工程相同等级的纲目。现在看看，应该怎样建立它。

先在窗口左方目录框中空白处，单击右键，这时，出现快捷菜单。用左键点击新建根目录(U)，在窗口右方，出现新建对话框。在文本框中，输入打算新建根目录的名称——6♯楼工程。接着，用左键点击"OK"按钮，6♯楼工程字样，便进入了目录框中。而且与5♯楼工程并排。见图13-31下部。

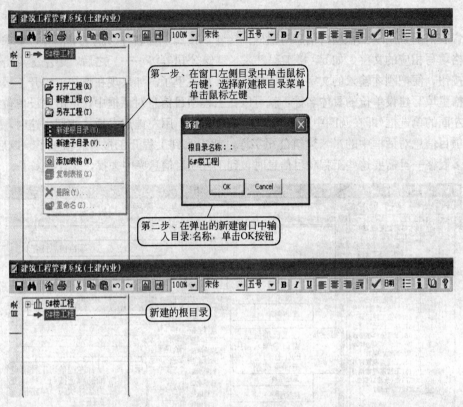

图 13-31

7. 新建子目录

现在想给6♯楼工程新建一个子目录——工程信息，便在6♯楼工程处用右键点击，在附近出现快捷菜单（图13-32上方）。用左键点击快捷菜单中的新建子目录（V）。在窗口右方，出现新建对话框。在文本框中，输入打算新建子目录的名称——工程信息。接着，用左键点击"OK"按钮，工程信息字样，便进入了目录框中6♯楼工程的下方（图13-32下方），即新建子目录。

8. 添加表格

工程信息是前面刚才建立的二级新纲目。这个二级新纲目中，当前尚且是空的，还没有存储信息。现在，就是想怎么样往这个工程信息里装信息——表格。如图13-33所示，用右键点击工程信息，这时，出现快捷菜单。用左键点击添加表格（W），在窗口右方，出现模板信息窗口。刚一出现模板信息窗口时，一级纲目技术档案管理（土建）和二级纲目01工程信息前面小方框里都是"＋"号。用左键点击技术档案管理（土建）前面小方框里都是"＋"号后，顿时在它下面显现若干个前面小方框里都是"＋"号的二级纲目。现在打算把工程开工报告表格装进二级纲目工程信息里。先用左键点击工程开工报告.sf，选中，接着，再用左键连击两下：一方面，在左方目录框中的工程信息下面，出现工程开工报告子项目；一方面，在右方窗口中出现了工程开工报告表格。最后一步，和前面调用表格的功能是一回事。见图13-33。

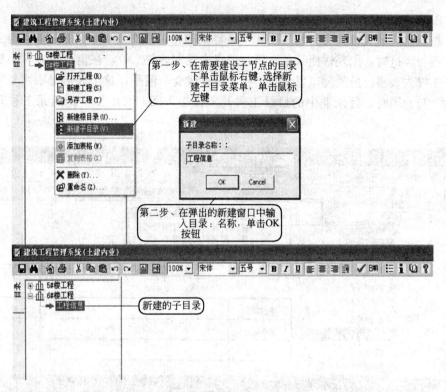

图 13-32

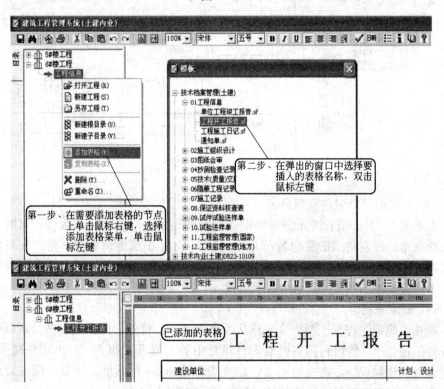

图 13-33

9. 复制表格

按照已有的表格，再复制一张和它一样的表格。见图 13-34。用右键点击工程开工报告，这时，出现快捷菜单。用左键点击复制表格(X)，在窗口右方，出现工程开工报告表格。虽然窗口里的表格样子没有改变，但是，这个表格是刚刚复制出来的。与此同时，目录框中的目录工程开工报告下面，又添加一个目录工程开工报告。

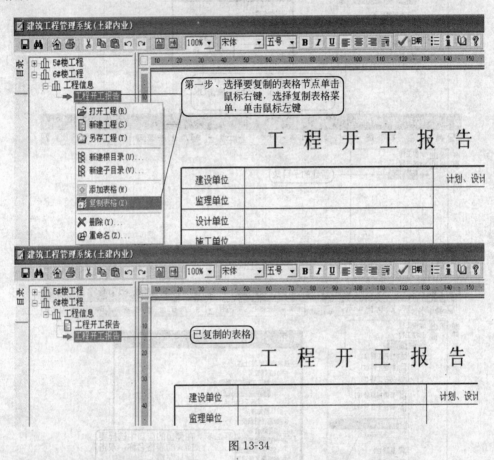

图 13-34

10. 表格的目录名称重新命名

参看图 13-35，用右键点击需要重新命名的目录——工程开工报告，这时，出现快捷菜单。用左键点击重命名(Z)，在窗口右方，出现重命名对话框。在对话框的文本框中输入工程开工报告-2，接着，用左键点击"OK"按钮，目录框中的第二个工程开工报告变成了工程开工报告-2。

11. 删除表格

现在，想把工程开工报告-2 表格从程序中删除，首先，用左键点击目录框中的工程开工报告-2，然后再用右键点击目录框中的工程开工报告-2，出现快捷菜单。用左键点击删除(Y)，在窗口右方，出现 Information 对话框。接着，用左键点击 Yes 按钮，工程开工报告-2 表格便被删除了，参看图 13-36。

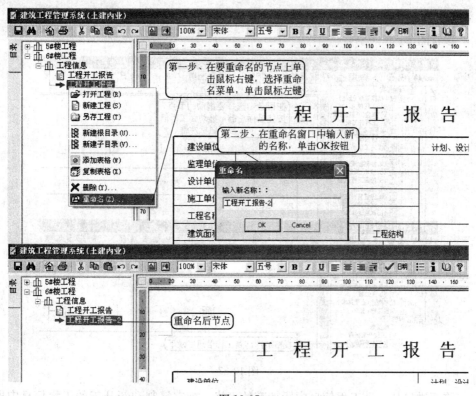

图 13-35

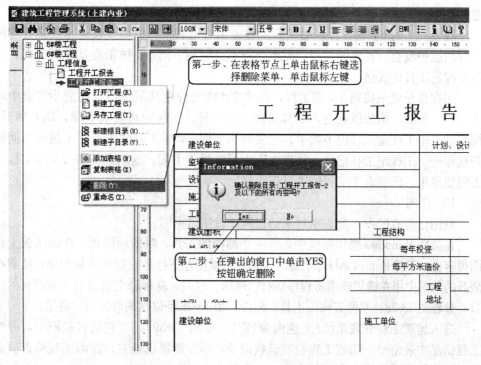

图 13-36

12. 拖动表格

参看图 13-37。

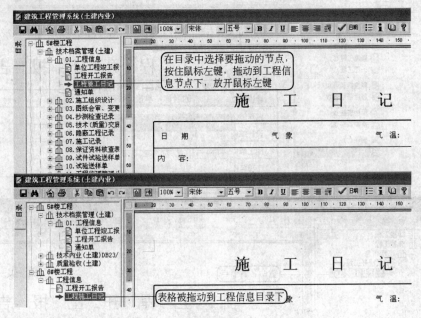

图 13-37

前面讲过从一个工程信息中所拥有的表格，把它复制到新开工的工程信息中里来，那种过程，称为复制。下面介绍另外一种类似复制表格的方法，叫做拖动（注意，被拖动的原来表格，挪到了新的地方——被挪走了，原处不再有了）。

现在开工的 6♯楼工程，要用到工程施工日记表格，但是，在技术档案管理的工程信息中没有。要新画一张，需要花费不少时间。而 5♯楼工程是先开工的，它有工程施工日记表格。

先在目录框中找到 5♯楼工程，如果 5♯楼工程及其下级纲目前面小方框中均为"+"号时，均加以点击，令其呈现"-"号。下级纲目及其子项，均被展开。用左键点击工程施工日记不撒手，把鼠标拖动到 6♯楼工程的工程开工报告下面松开鼠标——工程施工日记马上显现在工程开工报告下面。这就意味着 6♯楼工程的工程信息里，已经有了工程施工日记表格。

13. 抓图

利用已经有的图，把它拿过来的过程，就叫做抓图。

在微软 Windows 操作系统中，有一个画图的工具，叫做画图板。在画图板上画图很容易，不像 Auto CAD 那么难。左键点击桌面左下任务栏处的开始按钮，接着在展开的菜单中用左键接连点击程序\附件\画图。这时，在屏幕上就出现了画图板的窗口，参看图 13-38。左侧有画图工具。假设，图 13-38 是以前画好的图，备用。

进入建筑工程管理系统（土建内业）窗口（见图 13-39），在它的目录框中，寻找工程信息中表格——隐蔽工程检查验收记录，用左键接点击它，隐蔽工程检查验收记录的表格，就显现在窗口的右方。

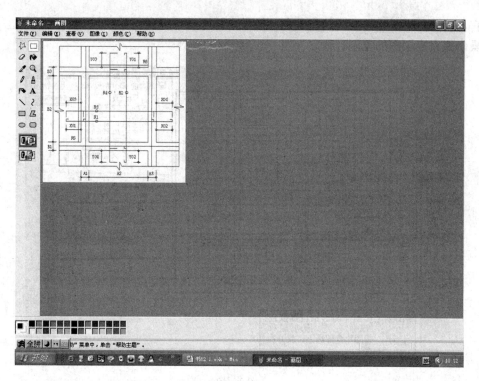

图 13-38

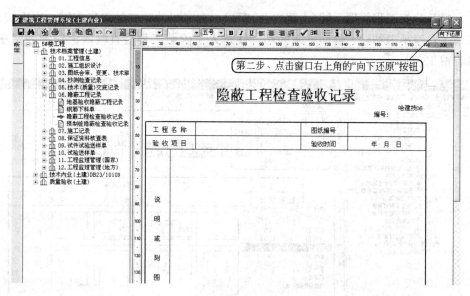

图 13-39

接着,在窗口的右上方用左键点击"□"按钮,整个建筑工程管理系统(土建内业)窗口立刻变小(包含表格变小)。由于建筑工程管理系统(土建内业)窗口原来是在画图板窗口的前方,所以,当建筑工程管理系统(土建内业)窗口变小时,画图板窗口便显露出来了。参看图 13-40。

在缩小了的建筑工程管理系统(土建内业)窗口下边,有抓图按钮,用左键点击它，接着，把鼠标移至图的左上角，按住左键不放，拖鼠标移至图的右下角。这一操作即完成了图的复制过程。

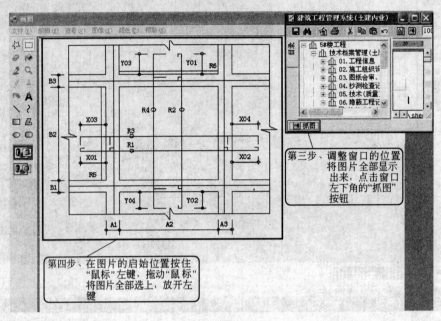

图 13-40

打开建筑工程管理系统(土建内业)窗口，在窗口的空白处单击右键，出现快捷菜单。左键单击粘贴，前面复制的图，便进入了隐蔽工程检查验收记录的表格中，参看图 13-41。

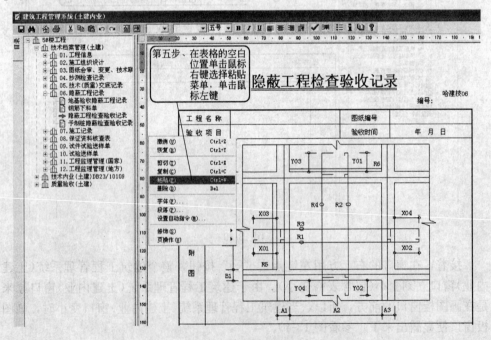

图 13-41

第十四章 平法钢筋加工下料软件操作方法

第一节 阅读钢筋计算窗口

1. 标题是悬挑梁箍筋。
2. 标题栏下面的表格是数据表。数据表里不得往里边填写任何文字和数据。
3. 工程名称、图纸编号和构件名称，待运行后再填写。
4. 钢筋编号是给计算出来的箍筋编号，也是待运行后再填写。
5. 钢级是指钢筋强度标准种类：Ⅰ是指 HPB235；Ⅱ是指 HRB335；Ⅲ是指 HRB400。
6. 直径此处是指箍筋的直径。
7. 相同件数是指相同悬挑梁在此工程中共有几根？
8. 箍筋数是指当前计算的一根悬挑梁，共有多少高矮不同的箍筋数量。
9. 箍实际间距：因为箍筋的布置范围，设计图上已经固定，但是，有时会产生变化。

第二节 钢筋计算的操作

1. 需要计算时，把静态的悬挑梁箍筋窗口，改变成为可以计算操作的运行窗口——在窗口的上方，用左键点击"!"计算操作的按钮。见图14-1。
2. 运行窗口的上方表格是数据表。不允许计算操作者触及数据表。
3. 在工程名称空格的左端空白处，用左键点击一下，留下光标闪烁，这时就可以往里边输入文字或数字了（图14-2）。图纸编号和构件名称的输入方法相同。
4. 在钢筋编号处，只用左键点击"①"就可以了。
5. 从钢级～相同件数，按前节讲述输入即可，全部数据输入需时约一分钟。
6. 用左键点击计算命令按钮，几秒钟便在数据表中算出了全部答案。
参看图14-3和图14-4。
在运行窗口中，用左键点击预览命令按钮（图14-4），马上便显示出钢箍的计算报表。并且马上可以打印出来，见图14-5和图14-6。

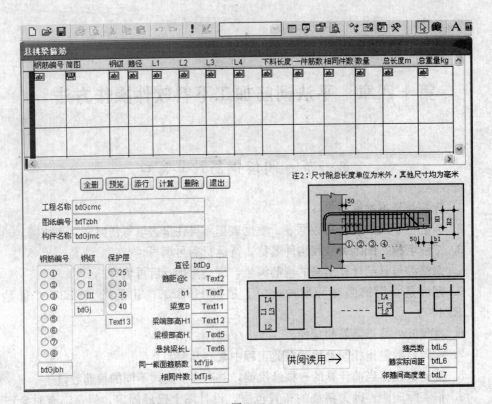

图 14-1

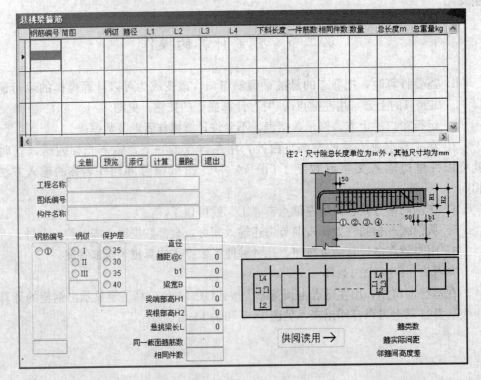

图 14-2

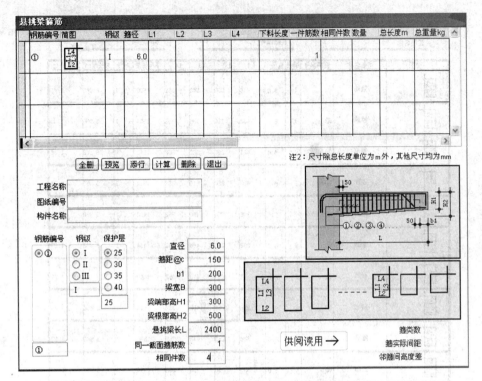

图 14-3

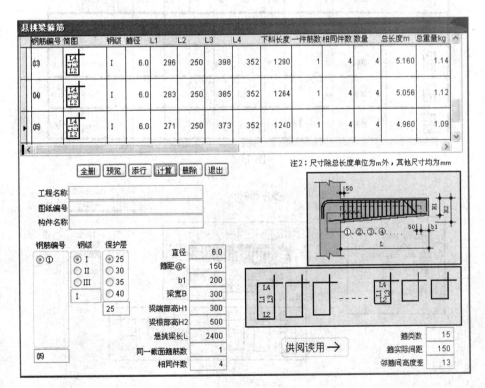

图 14-4

悬挑梁箍筋下料计算及参考图

工程名称： 　　　图纸编号： 　　　构件名称：

简图	钢筋名称	钢筋编号	钢级	直径	L1	L2	L3	L4	下料长度	数量	总长度m	总重量kg
	箍筋	①	I	6.0	446	250	548	352	1590	1	6.360	1.40
	箍筋	②	I	6.0	433	250	535	352	1564	1	6.256	1.38
	箍筋	③	I	6.0	421	250	523	352	1540	1	6.160	1.36
	箍筋	④	I	6.0	408	250	510	352	1514	1	6.056	1.34
	箍筋	⑤	I	6.0	396	250	498	352	1490	1	5.960	1.31
	箍筋	⑥	I	6.0	383	250	485	352	1464	1	5.858	1.29
	箍筋	⑦	I	6.0	371	250	473	352	1440	1	5.760	1.27
	箍筋	⑧	I	6.0	358	250	460	352	1414	1	5.656	1.25
	箍筋	⑨	I	6.0	346	250	448	352	1390	1	5.560	1.23
	箍筋	⑩	I	6.0	333	250	435	352	1364	1	5.458	1.20
	箍筋	⑪	I	6.0	321	250	423	352	1340	1	5.360	1.18
	箍筋	⑫	I	6.0	308	250	410	352	1314	1	5.256	1.16
	箍筋	⑬	I	6.0	296	250	398	352	1290	1	5.160	1.14
	箍筋	⑭	I	6.0	283	250	385	352	1264	1	5.056	1.12
	箍筋	⑮	I	6.0	271	250	373	352	1240	1	4.960	1.09

图 14-5

参考图例

总长度m 总重量kg
合计 84.872 18.72

箍筋数 15
箍筋间距 150
邻箍高差 13

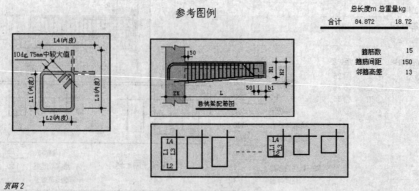

图 14-6

附录1 单位工程技术内业土建表格

单位工程技术内业表格，从专业类别上区分，有土建、水暖、电气、装饰和安全等；从功能上区分：一是跟随工程的进度挑选相应表格填写记录，一是竣工阶段，根据最后实际施工情况(包括已经矫正过的施工)填写记录，做为永久性的技术档案归档保存。

本书第十章的章节顺序，是按单位工程进度的时间序列排列的。而单位工程土建内业的表格，是在竣工后，按档案分类归档的要求排列的。竣工档案是工程的重要文件。

这里列出的表格，是实际应用一部分，只说明表格在工程中的重要性。

单位工程技术内业表格，我国各个省、市和自治区的相关部门都有自己编制的表格，形式上大同小异。但是，建筑企业必须使用当地相关部门编制的技术内业表格。

下面列出单位工程土建技术内业的表格。

1. 工程信息

工程开工报告	建施 1-1
施工日记	建施 1-2
单位工程竣工报告	建施 1-3
通知单	建施 1-4

2. 施工组织设计

单位工程施工组织设计(方案)	建施 2-1
施工组织设计(方案)目录	建施 2-2
施工组织设计(方案)报审表	建施 2-3
工程概况	建施 2-4
工程量一览表	建施 2-5
施工方案、施工方法与技术措施	建施 2-6
施工准备工作计划	建施 2-7
主要材料计划	建施 2-8
主要机具设备计划	建施 2-9
构、配件加工计划	建施 2-10
劳动力需用量计划	建施 2-11
土方平衡调配计划	建施 2-12
暂设工程、设施计划	建施 2-13
施工现场平面布置图	建施 2-14

各项经济、技术指标计划	建施 2-15
施工进度计划	建施 2-16

3. 图纸会审·变更·技术联系通知单

图纸会审记录	建施 3-1
设计变更通知	建施 3-2
技术联系(通知)单	建施 3-3

4. 抄测检查记录

工程测量定位记录	建施 4-1
检测记录	建施 4-2
沉降观测记录	建施 4-3

5. 技术(质量)交底记录

技术(质量)交底记录	建施 5-1

6. 隐蔽工程记录

地基工程验槽检查验收记录	建施 6-1
隐蔽工程检查验收记录	建施 6-2
钢筋下料单(兼隐蔽记录)	建施 6-3
预制桩基础工程隐蔽检查验收记录	建施 6-4

7. 施工记录

混凝土工程施工记录	建施 7-1
混凝土测温记录	建施 7-2
混凝土冬期施工记录	建施 7-3
钢结构、结构吊装施工记录	建施 7-4

8. 保证资料核查表

图纸会审资料核查记录表	建施 8-1
设计变更资料核查表记录情况	建施 8-2
工程定位测量、放线记录	建施 8-3
原材料出厂合格证及进场检(试)验报告核查表(一)(钢筋)	建施 8-4
预制构件、预拌混凝土合格证及进场检(试)验报告检查表	建施 8-5

9. 试件试验送样单

混凝土抗压试验送样单	建施 9-1
砂浆抗压试验委托单	建施 9-2

10. 试验送样单

玛琋脂(配合比设计)送样单	建施 10-1
试验送样单	建施 10-2

工程开工报告

建施 1-1

建设单位		计划、设计、规划批准文号	
监理单位			
设计单位			
施工单位			
工程名称			
建筑面积		工程结构		层数	
总投资		每年投资	
承包形式		每平方米造价	
计划工期	开工		工程地址	
	竣工			

建设单位	施工单位
（章）	（章）
（甲方）　　　年 月 日	（乙方）　　　年 月 日

审查机关意见	年 月 日
批准机关意见	年 月 日
备注	

施 工 日 记

建施 1-2

日　期		气　象	气温　　℃
内　容			

记录人

单位工程竣工报告

建施 1-3

工程名称			工程编号	
施工许可证号				
工程规模			结构类型	
工程地址			层　　数	
工程开、竣工时间	自　　年　　月　　日开工，至　　年　　月　　日竣工			
承包形式		合同工期	实际工期	

　　_____工程，按合同约定、设计文件和有关工程建设

　　强制性标准要求，已完成_____，并经自检合格，报请建设单位组织竣工验收。

　　项目经理(签字)：　　　　　　　　　　项目技术负责人(签字)：

　　　　　　　　　　　　　　　　　　　　　　　　　　　　（公章）

　　单位技术负责人(签字)：　　　　　　　　　　日期：

监理单位审查意见	（公章） 总监理工程师(签字) 　　　　　　　　　　　　　　年　月　日

_____通知单

工程名称：　　　　　　施工单位：　　　　　　　　建施 1-4

_____质量监督站：

　　我单位施工的_____工程，将于_____日进行_____工程隐蔽，根据《监督计划》的要求，报请你站进行隐蔽前监督检查。

　　附件：自检资料(隐蔽、预检记录、分部分项工程质量评定及保证资料)

建设单位：(公章)　　　　监理单位：(公章)　　　　施工单位：(公章)

项目负责人(签字)：　　　监理工程师(签字)：　　　项目经理：

日期：　　　　　　　　　日期：　　　　　　　　　日期：

收件人：　　　　　　　　　　　　　　　　　　　　日期：

注：此通知单由施工单位填报，一式四份。建设、监理、施工单位和监督站各执一份。

单位工程施工组织设计（方案）

建施 2-1

工程名称_____

工程编号_____

建设单位_____

施工单位_____

编制日期_____

施工组织设计(方案)目录

建施 2-2

目　录

1. 工程概况
2. 施工准备工作计划
3. 工程量一览表
4. 施工方案、施工方法与措施(含质量、安全、防火、降低成本)
5. 施工进度计划
6. 主要材料计划
7. 主要机具设备计划
8. 构配件加工计划
9. 劳动力需用量计划
10. 土方平衡调配计划
11. 暂设工程、设施计划
12. 施工现场平面布置图
13. 各项经济、技术指标计划

施工组织设计(方案)报审表

工程名称： 　　　　　　　编号： 　　　　　　　建施 2-3

致：

　　我方已根据施工合同的有关规定完成了＿＿＿＿＿＿＿＿＿＿工程施工组织设计(方案)的编制,并经我单位上级技术负责人审查批准,请予以审查。

　　附：施工组织设计(主体、装饰部分)(方案)

承包单位(章)＿＿＿＿＿＿＿

项目经理＿＿＿＿＿＿＿

日　期＿＿＿＿＿＿＿

专业监理工程师审查意见：

专业监理工程师＿＿＿＿＿＿＿

日　期＿＿＿＿＿＿＿

总监理工程师审核意见：

项目监理机构＿＿＿＿＿＿＿

总监理工程师＿＿＿＿＿＿＿

日　期＿＿＿＿＿＿＿

工 程 概 况

建施 2-4

工程名称		工程编号		
建筑面积		建设单位		
工程结构		设计单位		
建筑层数		计划	开工	
投资额(万元)			竣工	

内容：

工程量一览表

建施 2-5

序 号	分部分项工程	单 位	工 程 量	备 注

复 核	编 制

施工方案、施工方法与技术措施

建施 2-6

复 核	制 表

施工准备工作计划

建施 2-7

序号	项目	内容	工作量		工作单位			备注
			单位	数量	负责单位及人员	涉及单位	完成日期	

复核　　　　　编制

主 要 材 料 计 划

建施 2-8

序 号	名 称	规 格	需 用 量		供 应	备 注
			单 位	数 量	起止日期	
	复 核				编 制	

主要机具设备计划

工程名称：示例工程　　　　　　　　　　　　　　　　　　　建施 2-9

序号	名 称	规 格	需用量		使 用 起止日期	备 注
			单 位	数 量		

复　核　　　　　　　　编　制

构、配件加工计划

工程名称：
施工单位：　　　　　　　　　　　　　　　　　　　　　　　　建施 2-10

序号	名称	设计代号	设计图及型号	规格 mm	单位	数	其中分层数量									单位体积 (m³)	总量 (m³)	供应起止日期	备注
							地下室	一	二	三	四	五	六	七	八				

复核　　　　　编制

劳动力需用量计划

工程名称： 建施 2-11

序号	工程名称	需用总工日数	需用人数及进场日期(年)									备注
			月	月	月	月	月	月	月	月	月	

复　核　　　　　　　　　　编　制

土方平衡调配计划

工程名称　　　　　　　　　　　　　　　　　　　　　　　　　　　建施 2-12

分段编号	挖方量 (m³)	填方量（包括场地平整）(m³)	分段平衡(m³)		土方来源或去向及数量
			余	缺	

复核　　　　　　　　　　　　　计算

暂设工程、设施计划

工程名称： 建施 2-13

序号	名　称	需用量		金额(元)	起用日期	备　注
		单位	数量			

复　核　　　　　　　　　　　编　制

施工现场平面布置图

工程名称　　　　　　　　　　　　　　　　　　　　　　　建施 2-14

设单位代表　　　　工程负责人　　　　复核　　　　绘制

各项经济、技术指标计划

建施 2-15

开竣工日期	自	年 月 日		有效工期			天
	至	年 月 日					
机械化施工程度(%)	土 方		水 作			单位用工量(工日/m)	
	垂直运输		抹 灰				
	水平运输						
	吊 装						
百元工资含量(元)	上级下达		降低成本(万元)		直接费		
	计划指标				降低率		%
	节超额				降低额		
材料节约	钢 材		(t)	木 材	(m³)	水 泥	(t)
	红 砖		千块				
工程质量	单位工程质量等级		分部工程优良品率(%)				
		地基及基地工程		%	装修工程		%
		主体工程		%	电照工程		%
		地面工程		%	水暖及管道工程		%
		层面及防水工程		%			
		门窗及装修工程		%			
安全生产							
技术革新与技术改造	主要项目名称			技术经济效益			
工程负责人			复核		制表		

施工进度计划

工程名称：　　　　　　　　　　　　　　　　　　　　　　　　　　　建施 2-16

序号	分项工程名称	单位	工程量	需要劳动力		工作日				
				技工	力工					
1										
2										
3										
4										
5										
6										
7										
8										
9										
10										
11										
12										
13										
14										
15										
16										
17										
18										
19										

工程负责人：　　　　　　　　复核：　　　　　　　　制表：

图纸会审记录

建施 3-1

工程名称			工程编号	
主持人			日　期	
参加人员	建设(监理)单位			
	设计单位			
	施工单位			
序　号	图号		提出问题	处理意见

监理(建设)单位	设计单位	施工单位
代表	代表	代表

设计变更通知

工程名称：
工程编号：　　　　　　　　　　　　　　　　　　　　　　　建施 3-2

主　送		编　号	
抄　送		日　期	年　月　日
事　项			

设计单位	技术负责人	审核人：	设计人：
建设单位意见	建筑(监理)单位负责人		

技术联系(通知)单

建施 3-3

工程名称		编　号	
主　送		抄　送	
事　项		日　期	

发出单位		技术负责人	审核	提出人	建设单位	监理单位

工程测量定位记录

工程名称: 建施 4-1

工程名称:		定位依据:	
		定位方法及过程:	
建设单位: 公章 代表: 年 月 日	施工单位		公 章 年 月 日
	定 位		
	栋号技术员		
	技术负责人		
	质 量 员		
	主管工程师		

检 测 记 录

建施 4-2

工程名称		施工图号	
检测部位		检测时间	
设计标高		检测评定	

示意图及说明	
备注	

建设(监理)单位
代表　　　　　　　技术负责人：　　　复核：　　　检测：

沉 降 观 测 记 录

建施 4-3

观测点	工程名称		仪器型号		水准点及高程	
	工程形象					
	日期					
	高程(m)					
	沉降量(mm)					
	累计沉降量(mm)					
	高程(m)					
	沉降量(mm)					
	累计沉降量(mm)					
	高程(m)					
	沉降量(mm)					
	累计沉降量(mm)					
	高程(m)					
	沉降量(mm)					
	累计沉降量(mm)					
	高程(m)					
	沉降量(mm)					
	累计沉降量(mm)					
	高程(m)					
	沉降量(mm)					
	累计沉降量(mm)					
	高程(m)					
	沉降量(mm)					
	累计沉降量(mm)					
	高程(m)					
	沉降量(mm)					
	累计沉降量(mm)					
	监理工程师	技术负责人		质量检查员	施工技术员	观测人

技术(质量)交底记录

建施 5-1

工程名称		交底项目	
工程编号		交底日期	

内容：

接受人　　　　　　　　　　　　　　　　　　　　　　交底人

地基工程验槽检查验收记录

建施 6-1

工程名称		图纸编号	
验收项目		验收时间	
说明或附图			
地质报告编号			
检查验收意见			
质量部门代表	建设(监理)单位代表	施工单位代表	勘探单位代表	设计院代表

隐蔽工程检查验收记录

建施 6-2

工程名称		图纸编号	
验收项目		验收时间	

说明或附图	

试验报告编号	材 料 . 原 件					

检查验收结论	

质量部门代表	监理(建设)单位代表	施工技术负责人	工长填写人

钢筋下料单(兼隐蔽记录)

建施 6-3

工程名称			示 例 工 程			
工程编号				图纸编号		
构件名称型号				构件数量		
绑扎日期			年 月 日	浇灌日期		年 月 日
钢筋编号	钢筋规格		简 图	下 料 长 度	单件根数	总下料根数	试验单编号
	原设计	现用					

混凝土班　　　　钢筋班　　　　复核　　　　制表

质量部门　　　　建设(监理)单位　　　　施工单位

代表　　　　　　代表　　　　　　　　代表

预制桩基础工程隐蔽检查验收记录

建施 6-4

工程名称		图纸编号	
验收部位		验收时间	年 月 日
说明或附图			
有关报告及编号			
检查验收意见			
质量部门代表	建设(监理)单位代表	施工技术负责人	工人填写人

混凝土工程施工记录

建施 7-1

工程名称				编　　号			
施工单位				施工部位			
搅拌方式				施工日期			
振捣方法				养护方法			
浇筑量（m³）			混凝土强度设计等级		配合比报告编号		
材料名称 记录项目		水泥	砂	石	水	外加剂 FDJ-1	掺合料
设计配合比							
kg/m³							
kg/盘							
材料试验报告编号							
坍落度设计值					坍落度实测值(cm)		
混凝土浇注时间			月　日　时　分至　月　日　时　分				
试件留置	同条件	试块编号					
		送样编号					
		报告编号					
	标　养	试块编号					
		送样编号					
		报告编号					
测　温　情　况							
日/时：分							
天气情况							
原材料（℃）	水						
	砂						
	石						
	水泥						
拌合物	出罐(℃)						
	入模(℃)						

施工技术负责人：　　　　　　　　　记录人：

混凝土测温记录

建施 7-2

工程名称		结构名称	
工程编号		测温点	（布置图见附页）
施工日期	年 月 日	测温时间	年 月 日

气温、气象									
时：分									
天气情况									
积雪(cm)									
风 向									
风级或风速									
气温(℃)	最高								
	最低								
	干球								
	湿球								

测温情况									
测温点(℃)	1								
	2								
	3								
	4								
	5								
	6								
	7								
平均温度(℃)									

备注

技术负责人　　　　　　　　记录

混凝土冬期施工记录

建施 7-3

工程名称						结构名称						
工程编号						表面系数						
施工日期		年 月 日				测温时间			年 月 日			
气温、气象													
时：分												
天气情况												
积雪(cm)												
风 向												
风级或风速												
气温(℃)	最高											
	最低											
	平均气温											
温 度 情 况													
时：分												
原材料	水											
	砂											
	石											
拌合物养护	出罐(℃)											
	入模(℃)											
	结构部位											
	混凝土量(m³)											
	养护方法											

备注

技术负责人　　　　　　　　记录

钢结构、结构吊装施工记录

建施 7-4

工程名称		构件类别	
施工单位		吊装日期	
施工图号		构件合格证编号	
吊装机具		另附吊装附图	

构件型号名称	安装位置	安装标高	搭接长度	固定方法	连接接缝处理	端头处理	质量情况

监理工程师　　　　技术负责人　　　　质量检查员　　　　记录

图纸会审资料核查记录表

建施 8-1

工程名称：

序号	图 号	提出问题及处理	日 期	参加单位及人员
1				
2				
3				
4				
5				
6				
7				
8				
9				

核查意见：

施工项目负责人：　　　　　　　　　　　　监理工程师：

年 月 日

设计变更资料核查表记录情况

工程名称：　　　　　　　　　施工单位：　　　　　　　　建施 8-2

序号	变更部位	变更内容	日　期	编号	变更单位

核查意见：

施工项目技术负责人：　　　　　　　　　　　　监理工程师：

　　　　　　　　　　　　　　　　　　　　　　　　　　年　月　日

工程定位测量、放线记录

工程名称： 　　　　　　　　施工单位： 　　　　　　　　建施 8-3

序号	测量部位	记录内容	日　期	份数	记录人

核查意见：

施工项目技术负责人： 　　　　　　　　　　　　　监理工程师：

年　月　日

原材料出厂合格证及进场检(试)验报告核查表(一)(钢筋)

工程名称:　　　　　　　　　　施工单位:　　　　　　　　　　建施 8-4

使用部位	设计规格	进场量(T)	出厂合格证					试验报告			
^	^	^	规格	证件型号(原件、复印件)	编号或炉号	日期	生产厂家	力学性能 / 化学成分	日期	编号	试验单位

核查序号	使用部位	焊工证		焊接方法	焊接试验报告				焊条(剂)出厂合格证		
^	^	姓名	编号	^	规格	日期	编号	试验单位	牌号	厂家	编号/日期

核查意见:

施工项目技术负责人:　　　　　　　　　　监理工程师:

　　　　　　　　　　　　　　　　　　　　　　　　年　月　日

预制构件、预拌混凝土合格证及进场检(试)验报告检查表

工程名称：　　　　　　　　　施工单位：　　　　　　　　　建施 8-5

使用部位	构件名称	设计		出厂合格证				门窗性能检测报告				
		型号（强度等级）	数量	型号（强度等级）	数量	检测结果	生产厂家日期	力学性能	检测日期	编号	检测单位	
								物理性能				

核查意见：

施工项目技术负责人：　　　　　　　　　监理工程师：

　　　　　　　　　　　　　　　　　　　　　　　　年　月　日

混凝土抗压试验送样单

建施 9-1

委托单位		委托日期	
工程名称		成型日期	
使用部位		要求龄期	
设计强度等级		水泥品种标号	
配合比(重量比)		砂种类规格	
水 灰 比		石种类规格	
水泥用量		外加剂品种掺量	
稠　度		试块边长	
养护条件			

送样单位章：　　　　见证人：　　　　取样人：

砂浆抗压试验委托单

送样编号：
试验编号：

建施 9-2

委托单位		委托日期	2006年 月 日
工程名称		成型日期	2006年 月 日
使用部位		实验日期	年 月 日
设计强度等级		龄　期	天
配 合 比		水泥品种标号	
水泥用量		砂种类规格	
稠度(塌落度)		掺 合 物	
养护条件		外加剂品种掺量	

备注：

送样单位章：　　　　见证人：　　　　取样人：

玛琋脂(配合比设计)送样单

工程名称： 示例工程　　　委托单位：
送样日期：　　　　　年　月　日
送样编号：　　　　　试验编号：　　　　　建施 10-1

试验项目				
技术要求				
来样种类牌号				
报告单编号				
技术指标				

说明：

送样单位章：　　　　　见证人：　　　　　取样人：

试 验 送 样 单

送样编号：
试样编号：　　　　　　　　　　　　　　　　建施 10-2

委托单位		委托日期	年 月 日
工程名称		试验日期	年 月 日
使用部位		材料名称	
生产厂(产地)		品种规格牌号	
试验项目		代表批量	

备注：

送样单位章：　　　　　见证人：　　　　　取样人：

参 考 文 献

1. 中华人民共和国建设部. 混凝土结构设计规范(GB 50010—2002). 北京：中国建筑工业出版社. 2002
2. 中华人民共和国原城乡建设环境保护部. 混凝土结构工程施工及验收规范(GB 50204—92). 北京：中国建筑工业出版社. 1997
3. 中华人民共和国国家标准. 混凝土结构工程施工质量验收规范(GB 50204—2002). 北京：中国建筑工业出版社. 2002
4. 高竞. 建筑工人速成看图. 哈尔滨：黑龙江人民出版社. 1955
5. 高竞. 建筑工人速成看图讲授方法. 哈尔滨：黑龙江人民出版社. 1956
6. 高竞. 钢结构简明看图. 哈尔滨：黑龙江人民出版社. 1958
7. 高竞, 穆世昌. 看图. 哈尔滨：黑龙江人民出版社. 1958
8. 高竞. 怎样讲授建筑工人速成看图挂图. 北京：建筑工程出版社. 1959
9. 穆世昌译, 高竞校. 制图习题集. 北京：高等教育出版社. 1959
10. 高竞主编. 画法几何及工程制图. 哈尔滨：哈尔滨建筑工程学院. 1978
11. 高竞. 连续运算诺模图原理. 哈尔滨：哈尔滨建筑工程学院. 1980
12. 高竞. 土建作业效率学. 哈尔滨：哈尔滨建筑工程学院. 1983
13. 高竞. 最新快速图解设计—钢筋混凝土部分. 1983
14. 高竞. 技术经济与现代管理科学. 哈尔滨：哈尔滨建筑工程学院. 1985
15. 高竞. 建筑工程概预算. 哈尔滨：黑龙江人民出版社. 1987
16. 高竞, 高韶萍, 高克中. 建筑工程原理与概预算. 北京：中国建筑工业出版社. 1989
17. 高竞, 高韶君, 高韶明. 怎样阅读建筑工程图. 北京：中国建筑工业出版社. 1998
18. 高竞. 平法框架钢筋加工下料计算. 哈尔滨：哈尔滨鹏达科技开发公司. 2004
19. 高竞. 平法剪力墙钢筋加工下料计算. 哈尔滨：哈尔滨鹏达科技开发公司. 2004
20. 高竞. 平法楼梯钢筋加工下料计算. 哈尔滨：哈尔滨鹏达科技开发公司. 2004
21. 高竞. 平法筏基础钢筋加工下料计算. 哈尔滨：哈尔滨鹏达科技开发公司. 2004
22. 高竞. 平法楼板钢筋加工下料计算. 哈尔滨：哈尔滨鹏达科技开发公司. 2004
23. 高竞. 平法非矩形箍筋加工下料计算. 哈尔滨：哈尔滨鹏达科技开发公司. 2004
24. 高竞, 高韶明, 高韶萍, 高原, 高克中. 平法制图的钢筋加工下料计算. 北京：中国建筑工业出版社. 2005

后　　记
——与本书有关的软件介绍

本书曾数次易稿。主要是为更直白地描述实际工作过程，避免理论展开，以减少文字量，减轻读者负担。由于全书以软件操作为主线，故而有必要对有关的软件介绍如下：

一、天德软件《平法制图钢筋加工下料计算软件 V1.0》及其理论依据《平法制图的钢筋加工下料计算》（中国建筑工业出版社出版），由哈尔滨工业大学高竞教授研发。该软件《平法制图钢筋加工下料计算软件 V1.0》为国内首创，理论著作与软件属于双重开发和双重自主创新。理论和软件是 2004 年国家扶持和拨款资助的高新技术开发项目。该软件 2006 年进行了计算机软件著作权登记，2007 年又进行了软件产品登记和天德软件注册商标登记。

平法制图钢筋加工下料计算软件是建筑工程专业性软件。软件由 6 个模块组成：包括平法框架钢筋自动下料计算；平法剪力墙钢筋自动下料计算；平法楼面和屋面钢筋下料计算；平法筏形基础钢筋下料计算；平法板式楼梯钢筋下料；非矩形箍筋自动下料计算。

软件遵循《混凝土结构设计规范 GB 50010—2002》、《建筑抗震设计规范 GB 5001—2001》、《混凝土结构工程施工验收规范 GB 50204—2002》和《混凝土施工图平面整体表示方法制图规则和构造详图 03G101-1；03G101-2；04G101-3；04G101-4》开发研制，按"钢筋中性轴长度不变"的假说，考虑钢筋的量度差值，科学准确地推倒导出各种钢筋加工下料尺寸。

软件程序中，提供了科学的钢筋加工下料计算方法及其施工现场钢筋翻样图、施工现场钢筋提料数量和钢筋的重量等。

本软件只需输入设计文件提供的技术数据，如截面尺寸、钢筋直径、混凝土保护层厚度和钢筋级别等，便可精确计算钢筋加工和下料长度，并可输出钢筋下料明细表及翻样图。输出的报表，既可规范施工行为，又可充作工艺卡，极大地方便了钢筋技工下料及绑扎操作，并给监理工程师监督施工提供了可操作的依据，利于存档管理和检查监督，实现管理科学化和信息化。软件科学地解决了以往钢筋加工下料的粗放性和随意性，从而保证工程质量。软件程序提供了工序中的钢筋就位，特别是框架中的顶层角柱和边柱。

软件能做到非同一般地提高工作效率。如悬臂外伸梁的箍筋，它是沿梁长方向改变高度的。用本软件，包括敲键盘的时间在内，只用一分钟，不但全部计算出所有不同高度的箍筋，而且打出钢筋加工下料计算明细表，还有加工下料图和施工参考图。工作效率最快可以提高 110 倍左右，准确率 100%。

天德软件《平法制图钢筋加工下料计算软件 V1.0》，适用于全国各省市自治区。

二、天德软件《建筑工程内业》（建筑工程资料管理系统——土建、水暖、电气、安全和质量评定），是施工技术管理工作中的一项重要组成部分，涵盖了施工过程中全部技术文件（质量验收资料、质量保证资料、工程管理资料、监理管理资料、安全管理资料）。适用于建筑工程施工中的相关人员使用，如工程资料员、工程技术员、监理工程师、安全员和工程文件整理归档管理人员等。2001 年本软件经黑龙江省建设厅鉴定为**"全国领先"**，并获哈尔滨市科学技术进步奖和黑龙江省建设厅科学技术成果证书。

天德软件《建筑工程内业》（建筑工程资料管理系统），适用地区包括：山西省；四川省；河南省；河北省；江西省；青海省；海南省；吉林省；陕西省；云南省；黑龙江省；山东省；安徽省；江苏省；贵州省；福建省；辽宁省；湖南省；湖北省；广东省；重庆市；上海市；天津市；内蒙自治区；广西壮族自治区；宁夏回族自治区。

三、本书附带有天德软件《平法制图钢筋加工下料计算 V1.0》的操作演示版和天德软件《建筑工程内业》试用版，光盘一张，用以加深读者对本书内容的理解。但亦仅此而已，若欲用于实际工作，则尚须购买如下正式版软件：

天德软件《平法制图钢筋加工下料计算软件 V1.0》中，《平法框架钢筋自动下料计算》和《平法剪力墙钢筋自动下料计算》两软件，促销价格（含加密锁）共为人民币 800 元。

天德软件《建筑工程内业》（建筑工程资料管理系统），促销价格（含加密锁）人民币 280 元。

销售：哈尔滨鹏达软件工作室或专业建筑书店。

地址：黑龙江省哈尔滨市香房区湘江科技公寓 405 栋 7 号门市，哈尔滨鹏达软件工作室。

邮编：150090

网址：www.hrbtiande.com

E-mail：tiandesoft@126.com

联系电话：13945105927
　　　　　13059002216
　　　　　0451-86095287